uni-app 企业级项目开发实践

袁 龙 著

清华大学出版社
北京

内 容 简 介

本书深入地介绍了 uni-app，共分为 13 章。前 3 章集中介绍 uni-app 的基础知识和核心语法，包括对 Vue2 和 Vue3 生命周期的比较与应用，以及 Vue2 和 Vue3 中的组件传值与事件调用机制等知识点。从第 4 章起，进入项目实战部分，指导读者开发一个功能丰富的在线教育及考试系统。该项目涵盖登录与注册、个人中心、考试、论坛、优惠券、电子书和搜索等多个核心模块。本书将特别讲解考试模块的数据交互细节，而课程详情和购买模块则不在本书讲解范围之内。为了提高项目的兼容性和稳定性，书中采用了 Options API 进行开发。通过阅读本书，读者将掌握 uni-app 的进阶知识，并积累宝贵的项目实战经验，进一步提升开发技能。

本书的读者对象包括网页设计与制作人员、网站建设开发人员、个人网站制作爱好者，以及希望通过实战项目提升技能的专业人士。同时，本书也适合作为高等院校相关专业的教材和教学参考书。

本书封面贴有清华大学出版社防伪标签，无标签者不得销售。
版权所有，侵权必究。举报：010-62782989，beiqinquan@tup.tsinghua.edu.cn。

图书在版编目（CIP）数据

uni-app 企业级项目开发实践 / 袁龙著. -- 北京：清华大学出版社，2025.5. -- ISBN 978-7-302-69279-9
Ⅰ．TN929.53
中国国家版本馆 CIP 数据核字第 2025C7W333 号

责任编辑：王秋阳
封面设计：秦　丽
版式设计：楠竹文化
责任校对：范文芳
责任印制：宋　林

出版发行：清华大学出版社
网　　址：https://www.tup.com.cn，https://www.wqxuetang.com
地　　址：北京清华大学学研大厦 A 座　　　邮　编：100084
社 总 机：010-83470000　　　　　　　　　　邮　购：010-62786544
投稿与读者服务：010-62776969，c-service@tup.tsinghua.edu.cn
质量反馈：010-62772015，zhiliang@tup.tsinghua.edu.cn
印 装 者：三河市少明印务有限公司
经　　销：全国新华书店
开　　本：185mm×230mm　　　印　张：15.75　　　字　数：322 千字
版　　次：2025 年 6 月第 1 版　　　　　　　　　印　次：2025 年 6 月第 1 次印刷
定　　价：69.80 元

产品编号：103260-01

序

在这个充满变革与创新的时代，前端开发领域日新月异，新的框架和技术工具层出不穷，极大地丰富了开发者的选择。uni-app 作为一个优秀的跨平台应用开发框架，凭借其出色的性能和便捷的开发体验，迅速赢得了广大开发者的青睐。无论是刚刚踏入前端开发领域的新手，还是渴望全面掌握 uni-app 技术的资深开发者，本书都将是理想的学习指南。

本书致力于全面解析 uni-app 的方方面面，通过详细的讲解和丰富的实例，从基础知识到项目实战，帮助读者系统性地掌握 uni-app 的技术要点，提升读者跨平台开发能力。

在这个充满活力和创新的时代，掌握 uni-app 的知识将助你在跨平台开发领域中脱颖而出。让我们一同开启 uni-app 之旅，探索其中无限的可能性！祝愿每一位读者都能从本书中受益良多，不断提升自己的技术水平，成为卓越的跨平台应用开发者！

祝学习愉快！

前　言

　　本书是一本全面覆盖 uni-app 平台内容的实战指南。在本书中，我们将深入探讨 uni-app 的基础知识、核心语法、组件使用等概念，并通过多个实际模块的开发实例，带领读者从零开始构建一个完整的 uni-app 应用。

　　本书内容按照项目开发的实际需求分为 13 章，涵盖从基础知识到高级知识的各个方面。随着章节的推进，你将逐步掌握 uni-app 的各项技能，并学会如何将这些技能应用于实际项目中。

　　本书内容安排如下：

　　第 1 章：从基础开始，介绍 uni-app 基础知识。无论你是初学者还是经验丰富的开发者，这一章都将帮助你快速上手。

　　第 2 章：掌握核心语法是学习任何编程框架的关键。在这一章，我们将详细讲解 uni-app 的核心语法规则和使用方法。

　　第 3 章：组件是 uni-app 应用的基本构建单元。在这一章，你将学习如何使用 uni-app 中的各种组件，并掌握组件复用的技巧。

　　第 4 章：介绍本书的示范项目，帮助你了解整个项目的架构和各个模块之间的关系，为后续的开发做准备。

　　第 5 章：带你一步步实现项目的首页设计与开发。通过实际案例的讲解，你将学会如何搭建一个功能齐全的首页。

　　第 6 章：任何应用都需要一个用户认证模块。在这一章，你将学习如何开发登录和注册功能，并实现数据校验和用户体验优化功能。

　　第 7 章：深入探讨个人中心模块的开发，包括如何展示用户信息和实现用户设置功能。

　　第 8 章：如果你的应用需要考试或测试功能，这一章将非常有用。我们将详细讲解如何开发一个功能全面的考试模块。

　　第 9 章：优惠券常用于提升用户黏性和活跃度。在这一章中，你将学习如何开发一个优惠券模块。

　　第 10 章：带领你开发一个功能齐全的论坛模块，让用户可以进行交流和互动。

　　第 11 章：你将学习如何开发和管理电子书内容。

　　第 12 章：搜索功能是多数应用中不可或缺的一部分。我们将在这一章详细讲解如何开发一个高效的搜索模块。

　　第 13 章：探讨如何将你的 uni-app 项目从开发阶段顺利推向市场发布，确保它在各种平台上无缝运行。

　　注意：由于实战项目规模较大，本书将重点讲解考试模块的数据交互。因此，课程详情和购买模块将不在讲解范围内。

如何学习

- 确保你已具备基本的前端知识,包括 HTML、CSS、JavaScript 和 Vue。
- 当遇到问题时,可以参考本书提供的示例代码和源码。
- 保持学习的热情和动力,跟随技术发展的步伐,不断进步。

本书特点

- 实用性强:案例基于真实项目需求开发,帮助读者掌握实际开发技巧。
- 操作性强:所有代码通过演示讲解,可边学边练,理论与实践结合。
- 互动性强:本书配套视频教程,帮助读者更好地理解代码实现过程。

读者对象

本书适合已具备 JavaScript 和 Vue.js 基础知识的读者,对 uni-app 应用开发感兴趣的开发者和工程技术人员,希望提高前端开发技能并了解跨平台应用开发的读者。

配套学习资源

- 项目实战源码。
- 配套视频。

读者可扫描下方的二维码获取本书的项目实战源码、配套视频等,也可以加入读者群,下载最新的学习资源或反馈书中的问题。

勘误与支持

本书在编写过程中经过多次校对和验证,力求避免差错,但书中仍可能存在疏漏之处,欢迎读者批评指正,也欢迎读者来信一同探讨。希望通过本书的学习,你能获得更多收获与成就。

致谢

首先感谢清华大学出版社的各位编辑老师,感谢她(他)们对我的支持和鼓励;感谢所有支持我课程的粉丝和学员,是你们的支持才让我有动力和勇气完成此书;感谢我的家人对我的支持和陪伴;最后感谢付强授权提供的 API,为本书带来了更好的用户体验。

目 录

第 1 章 uni-app 基础入门 ················ 1
- 1.1 跨平台开发的发展历程 ········ 1
- 1.2 认识 uni-app ·························· 2
- 1.3 创建第一个 uni-app 项目 ······ 3
- 1.4 uni-app 项目目录结构 ·········· 5
- 1.5 入口文件及入口组件 ············ 7
- 1.6 全局样式和局部样式 ············ 9
- 1.7 pages.json 配置文件 ··········· 10
- 1.8 uni-app 常用的布局组件 ····· 11
- 1.9 scrollview 组件和 swiper 组件 ································· 14
- 1.10 input 组件和 textarea 组件 ···· 17
- 1.11 icon 组件 ························· 19
- 1.12 picker 组件 ······················ 21
- 1.13 事件处理 ························· 23

第 2 章 uni-app 核心语法 ················ 27
- 2.1 页面跳转 ····························· 27
- 2.2 页面通信 ····························· 29
  - 2.2.1 URL 参数传递 ··············· 29
  - 2.2.2 使用 eventChannel 实现页面数据传递 ················· 30
  - 2.2.3 参数逆向传递 ··············· 32
  - 2.2.4 事件总线 ······················ 33
- 2.3 页面生命周期 Options API ···· 34
- 2.4 页面生命周期 Composition API ····································· 38
- 2.5 封装网络请求 ······················ 40
- 2.6 本地存储 ····························· 42
- 2.7 状态管理与全局数据 ··········· 43
- 2.8 文件处理 ····························· 46
- 2.9 定位服务 ····························· 49
- 2.10 消息通知 ··························· 52
- 2.11 分享 API 详解 ···················· 56
- 2.12 动画 API 详解 ···················· 59

第 3 章 uni-app 组件 ······················ 62
- 3.1 easycom 组件模式 ················ 62
- 3.2 Options API 组件传值及事件调用 ······························ 64
- 3.3 Composition API 组件传值及事件调用 ························· 65
- 3.4 Composition API 正向传参 ····· 67
- 3.5 eventChannel 正向传参 ········ 68
- 3.6 eventChannel 逆向传参 ········ 69
- 3.7 组件的生命周期管理 Options API ····························· 71
- 3.8 组件的生命周期管理 Composition API ······················ 74
- 3.9 组件间的插槽使用 ··············· 77

第 4 章 项目简介 ····························· 81
- 4.1 项目全局介绍 ······················ 81
- 4.2 项目成果展示 ······················ 82

第 5 章 项目首页开发 ………………… 88
- 5.1 创建项目及项目全局配置 …… 88
- 5.2 引用阿里巴巴矢量图标库 …… 89
- 5.3 配置底部 tabBar 导航 ………… 91
- 5.4 首页轮播图模块 ……………… 92
- 5.5 首页导航模块 ………………… 94
- 5.6 首页拼团模块样式开发 ……… 96
- 5.7 首页最新课程模块样式开发 …………………………… 98
- 5.8 首页优惠券模块样式开发 …… 99
- 5.9 封装网络请求 ………………… 101
- 5.10 首页数据交互 ………………… 103
- 5.11 首页拼团模块数据交互 …… 105
- 5.12 首页优惠券模块数据交互 ……………………………… 106

第 6 章 登录与注册 …………………… 109
- 6.1 登录与注册模块样式开发 … 109
- 6.2 实现注册功能 ………………… 111
- 6.3 配置 Vuex 仓库 ……………… 114
- 6.4 实现登录功能 ………………… 115
- 6.5 实现数据持久化存储 ……… 117
- 6.6 绑定手机号页面样式布局 … 119
- 6.7 获取验证码数据交互 ……… 120
- 6.8 绑定手机号数据交互 ……… 122
- 6.9 实现找回密码功能 ………… 124

第 7 章 个人中心模块 ………………… 127
- 7.1 个人中心页面样式布局 …… 127
- 7.2 展示个人信息及退出登录 … 130
- 7.3 前端权限验证 ………………… 132
- 7.4 修改密码功能实现 ………… 133
- 7.5 个人资料修改页面样式布局 ……………………………… 135
- 7.6 上传头像 ……………………… 137
- 7.7 修改用户资料数据交互 …… 139
- 7.8 我的订单列表数据交互 …… 141

第 8 章 考试模块 ……………………… 144
- 8.1 考试列表样式布局 ………… 144
- 8.2 "考试列表"页面数据交互 … 146
- 8.3 考试详情页面的倒计时功能 ……………………………… 148
- 8.4 考试详情页面的底部导航 ……………………………… 151
- 8.5 考试详情页面的题型分类及标题渲染 …………………… 155
- 8.6 考试详情页面的填空组件数据绑定 …………………… 157
- 8.7 考试详情页面的单选组件及判断组件数据绑定 ………… 158
- 8.8 考试详情页面的多选组件数据绑定 …………………… 161
- 8.9 获取考试试题数据交互 …… 162
- 8.10 考试交卷数据交互 ………… 164
- 8.11 自动交卷及监听页面返回 ……………………………… 166

第 9 章 优惠券模块 …………………… 168
- 9.1 优惠券领取功能数据交互 … 168
- 9.2 实时更新优惠券状态 ……… 170
- 9.3 个人中心优惠券列表布局 … 171
- 9.4 个人中心优惠券列表数据交互 ……………………………… 173

目录

第10章 论坛模块 ……………… 177
- 10.1 "论坛"页面样式布局 …… 177
- 10.2 论坛社区分类数据交互 …… 182
- 10.3 帖子列表数据交互 ……… 184
- 10.4 渲染帖子列表数据 ……… 186
- 10.5 帖子分类切换及下拉刷新 …………………… 187
- 10.6 帖子点赞及取消点赞功能交互 …………………… 188
- 10.7 "发布帖子"页面样式布局 …………………… 190
- 10.8 选择社区数据交互 ……… 192
- 10.9 实现发布帖子功能数据交互 …………………… 193
- 10.10 帖子详情页面数据交互 …………………… 195
- 10.11 帖子详情页面点赞数据交互 …………………… 197
- 10.12 "我的帖子"列表数据交互 …………………… 199
- 10.13 删除"我的帖子"数据交互 …………………… 201
- 10.14 实现发表评论功能 ……… 202
- 10.15 评论列表数据交互 …… 205
- 10.16 评论列表分页交互 …… 207

第11章 电子书模块 ……………… 209
- 11.1 电子书列表数据交互 …… 209
- 11.2 电子书详情页面数据交互 … 213
- 11.3 阅读电子书页面数据交互 … 216
- 11.4 实现阅读电子书页面数据渲染 …………………… 218
- 11.5 电子书目录渲染及章节切换 …………………… 219

第12章 搜索模块 ……………… 222
- 12.1 "搜索"页面样式布局 …… 222
- 12.2 实现保存及清除搜索记录功能 …………………… 224
- 12.3 实现搜索记录本地存储 … 226
- 12.4 "搜索结果"页面tab选项卡组件 …………………… 228
- 12.5 "搜索结果"页面swiper组件 …………………… 231
- 12.6 "搜索结果"页面数据交互 …………………… 233
- 12.7 搜索结果数据渲染及swiper交互 ………… 235

第13章 项目发布 ……………… 237
- 13.1 准备发布项目 ……………… 237
- 13.2 配置发布环境 ……………… 239
- 13.3 生成发行版 ……………… 241

第 1 章 uni-app 基础入门

本章将深入探索跨平台开发的基本概念与实践。首先，回顾跨平台开发的发展历程，帮助读者理解跨平台开发的重要性，为学习 uni-app 构建扎实的背景知识基础。接下来认识 uni-app 框架。uni-app 作为一个强大而灵活的跨平台开发框架，如何为开发者提供兼容多端的解决方案。然后，创建第一个 uni-app 项目，从零开始，体验从无到有构建一个应用的过程。

拥有了基础认识后，我们将深入探讨 uni-app 项目的目录结构。通过了解各个目录和文件的功能，对项目架构有一个清晰的认知，为后续的开发工作奠定坚实的基础。

此外，还将介绍 uni-app 的初始化代码，详细讲解其组成部分和工作原理，更好地理解代码的运行机制，这是编写高效代码的前提。最后，对 uni-app 中的一些基础组件进行讲解。这些组件是构建应用的基本元素，掌握它们的使用方法将极大地提升开发效率。

通过本章的学习，读者不仅能够掌握 uni-app 的基础知识，还能为后续更深入的学习打好坚实的基础。

1.1 跨平台开发的发展历程

移动应用开发的发展历程如同一部波澜壮阔的史诗，从最初的 iOS 和 Android 系统的崛起，到如今跨平台开发技术的蓬勃发展，每一个阶段都承载着技术人员的无限探索和努力。跨平台开发的诞生，源于对传统原生 APP 开发模式的种种限制，也正因如此，跨平台开发概念引领着移动应用开发的新风潮，为企业带来了更多的选择与机遇。

1. 跨平台开发的背景：原生开发的挑战

自 iOS 和 Android 系统诞生以来，移动开发人员一直被迫根据不同的操作系统开发不同的应用，这不仅增加了开发成本，也造成了时间和人力资源的浪费。企业需要同时维护多个版本的 App，不仅增加了维护难度，也增加了风险。原生 App 的开发周期长、成本高、迭代慢等问题日益凸显，为了解决这些问题，跨平台开发的概念开始在业界兴起。跨平台开发的核心理念"一套代码、多端运行"也逐渐深入人心。

2. 跨平台开发的特点：向未来前行

跨平台开发的主要特点在于，一套代码可以兼容 iOS、Android、H5 端、微信小程序等多种平台，真正实现了"一次开发，多终端适配"的理念。这不仅可以降低开发成本，缩短开发周期，还能提高开发效率，节省企业的人力和财力资源。因此，跨平台开发不仅是一种技术手段，更是一个为未来而生的发展趋势。

3. 跨平台发展历史：披荆斩棘，迎风而上

在跨平台开发领域，技术的不断演进推动着整个行业的发展。回顾跨平台开发的发展历史，可以看到各种技术的兴起和不断完善。

（1）2014 年以前，移动端开发主要使用原始的 HTML+CSS+JS，但受限于性能和体验。

（2）2015 年，Facebook 推出 React Native，引领了跨平台开发的浪潮，并受到业界的广泛关注。

（3）2016 年，阿里巴巴推出了 Weex，一个基于现代化 Web 技术开发高性能原生应用的框架，为跨平台开发注入了新的活力。

（4）2017 年，Google 正式推出了 Flutter，成为跨平台开发的又一重要选择，支持 Android、iOS、Windows、Mac 等多个平台。

（5）2018 年至今，uni-app、Taro 等一系列跨平台框架开始受到广泛关注和应用，为开发者提供了更多选择和可能。

通过对跨平台开发的历史回顾，可以清晰地看到技术的变革与创新，以及不同框架之间的竞争与合作，共同推动着跨平台开发技术的进步与普及。

4. uni-app：引领跨平台开发的未来

作为当前跨平台开发中备受瞩目的明星，uni-app 凭借其卓越的性能和创新的技术理念，正席卷全球开发者群体。uni-app 是一款基于 Vue.js 开发框架的全端解决方案，支持编写一套代码同时兼容多端运行，包括 iOS、Android、H5 端、微信小程序等多个平台。uni-app 的出现，让跨平台开发变得更加高效、便捷，同时也极大地降低了企业的开发成本和风险。

uni-app 不仅是一款跨平台开发工具，更是一场技术革新的浪潮。它采用独特的渲染方式和组件化开发思想，让开发者可以更加轻松地构建优秀的跨平台应用。uni-app 强大的性能优势和灵活的扩展能力，使其成为众多开发者心目中的首选工具。在 uni-app 的生态系统中，开发者可以享用丰富的插件工具、组件库和社区资源，为应用开发提供了更广阔的空间。

随着移动应用市场的不断扩大，用户对应用的体验和性能要求也越来越高。uni-app 为开发者提供了更多的优化工具和性能调优方案，打造流畅、稳定、高效的跨平台应用。通过 uni-app 的架构，开发者可以实现一次开发、多端共享的目标，让用户无论在哪个平台上使用应用，都能获得统一的优质体验。这种用户体验的革新，也为企业提供了宝贵的商机和发展机遇。

在移动应用开发领域，跨平台开发技术正逐渐成为主流。其便利的开发方式、高效的代码复用以及广泛的适用性，使得越来越多的开发者和企业开始转向跨平台开发。未来，跨平台技术将继续演进和发展，为移动应用的开发带来更多可能性和机遇。

1.2　认识 uni-app

在当今移动端应用开发的浪潮中，uni-app 作为一个使用 Vue.js 框架开发前端应用的利器，正逐渐走进开发者的视野。

uni-app 的官方网站对其进行了详细的介绍，强调其作为一个全面的前端开发框架的特性。开发者只需编写一套代码，就能将应用发布到各种平台，包括 iOS、Android、Web，以及微信、支付宝、

百度、头条、飞书、QQ、快手、钉钉、淘宝等多个小程序平台，以及快应用等。这种跨平台的能力使得 uni-app 成为开发者的得力助手，让开发者不再为不同平台而苦恼。

即使不涉及跨端开发，uni-app 也被证明是更好的小程序开发框架、App 跨平台框架，以及更便捷的 H5 开发框架。无论需完成什么样的项目，都能迅速交付成果，无须改变开发习惯，也不需要重新思考开发方式。这种高效、便捷的开发模式，让 uni-app 在开发者中越来越受欢迎。

那么，为什么要学习 uni-app 呢？首先，uni-app 与微信小程序在某些方面有着相似之处，都能给用户带来接近原生应用的体验，用户无须安装即可直接使用。这种轻便、快捷的特性，使用户能够更方便地体验开发者提供的应用。然而，uni-app 与微信小程序的最大区别在于其跨平台能力，它使开发者可以将应用轻松发布到不同的平台，从而覆盖更广泛的用户群体，为应用的推广和普及提供更多可能。

学习 uni-app，不仅可以提高开发效率，还可以拓展应用的覆盖范围。uni-app 的出现让开发者可以更加专注应用的功能开发，而无须在适配不同平台上花费大量精力。这种一次编码、多端适配的特性，大大减轻了开发者的负担，让开发变得更加轻松和愉快。

1.3 创建第一个 uni-app 项目

从本节开始，我们正式踏上 uni-app 的学习之旅。

首先，安装开发工具。uni-app 官网推荐的开发工具是 HBuilderX，这款通用的前端开发工具为 uni-app 进行了特别强化。HBuilderX 内置了相关环境，开箱即用，无须烦琐的 Node.js 配置。HbuilderX 的下载链接是 https://www.dcloud.io/hbuilderx.html。

根据自己的计算机配置下载相应的版本即可，如图 1-1 所示。

图 1-1　HBuilderX 下载版本

接着，使用 HBuilderX 创建第一个 uni-app 项目。在 HBuilderX 中，单击工具栏的"文件"→"新建"→"项目"（或者直接按 Ctrl+N 快捷键）。

选择 uni-app 类型，输入工程名，选择模板，进行 Vue 版本选择，然后单击"创建"按钮，一个全新的 uni-app 项目诞生，如图 1-2 所示。

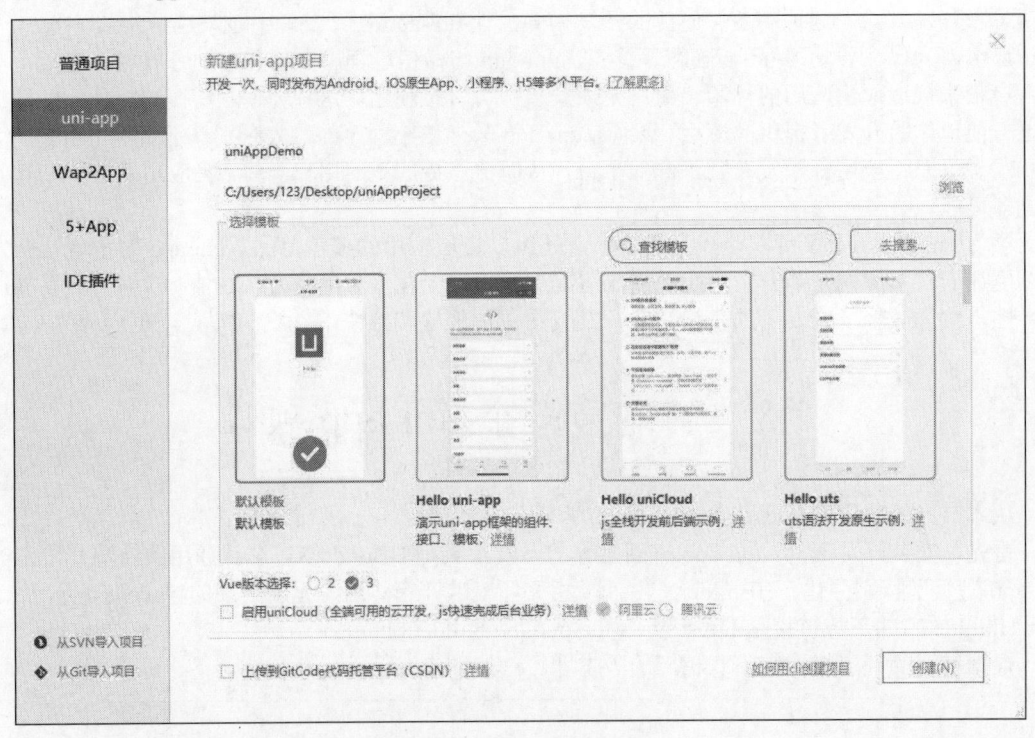

图 1-2　创建 uni-app 项目

现在运行这个 uni-app 项目。首先，看看如何在浏览器中运行项目。进入项目，单击工具栏的"运行"→"运行到浏览器"，然后选择其中一个浏览器，即可进行编译运行，如图 1-3 所示。

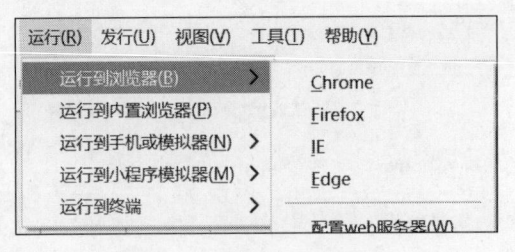

图 1-3　在浏览器运行项目

除了在浏览器中运行，在开发过程中还需要将项目运行到小程序模拟器上。接下来，看看如何将程序运行到微信开发者工具中。单击工具栏的"运行"→"运行到小程序模拟器"→"微信开发者工具"，即可在"微信开发者工具"中编译运行，如图 1-4 所示。

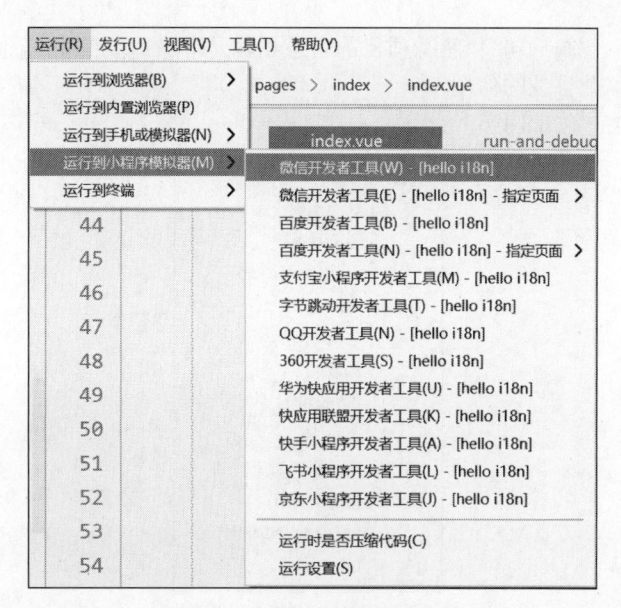

图 1-4　在微信小程序运行项目

当出现以下界面时，表示第一个 uni-app 项目运行成功，如图 1-5 所示。

图 1-5　第一个 uni-app 项目首页效果图

1.4　uni-app 项目目录结构

uni-app 采用一套统一的目录结构管理项目文件，让开发者能够快速、高效地构建应用程序。在开始一个 uni-app 项目之前，了解和熟悉项目的目录结构是非常重要的。下面将详细介绍 uni-app 项目的目录结构，理解每个目录的作用。

uni-app 项目目录结构如图 1-6 所示。

```
v  uniAppDemo
   v  pages
      v  index
            index.vue
   v  static
         logo.png
      App.vue
   <> index.html
      main.js
      manifest.json
   [ ] pages.json
      uni.promisify.adapt...
      uni.scss
```

图 1-6　uni-app 项目目录结构

1. App.vue

App.vue 是 uni-app 项目的入口组件，它承担着整个应用的框架搭建和统一布局的责任。在 App.vue 中，可以定义应用的全局样式和全局数据，引入各种组件和页面，实现整个应用的组织结构。

2. index.html

index.html 是 uni-app 项目的首页文件，是应用的入口文件。在这个 HTML 文件中，可以设置应用的标题、图标，引入必要的 CSS 和 JS 文件等，是整个应用的起点。

3. pages 目录

pages 目录用于存放项目的页面文件，每个页面通常对应着应用中的一个功能模块或视图。在 pages 目录下，可以创建多个子目录，每个子目录对应一个页面，页面之间可以相互跳转和引用，实现整个应用的页面布局。

4. static 目录

static 目录用于存放静态文件，如图片、字体、音频、视频等资源文件。在这个目录中的文件不会被编译和处理，可以直接引用。在 uni-app 中，推荐将静态资源文件放在 static 目录下统一管理，以便项目的维护和开发。

5. index 首页

默认创建的 index 首页是应用的默认首页，用户访问应用时首先呈现此页面。index 首页是应用的门面，通常展示应用的概要信息、导航栏等内容，是用户进入应用的第一印象。

6. main.js

main.js 是 uni-app 项目的入口文件，其作用类似于 Vue 项目中的 main.js。在这个文件中，可以进行一些全局配置，如引入 Vue 框架、全局组件、路由配置等。main.js 在 uni-app 项目中扮演着连接各个模块的关键角色。

7. manifest.json

manifest.json 是 uni-app 项目的配置文件，用于设定应用的基本信息和全局配置选项。在这个文件中可以设置应用的名称、AppID、权限设置、导航栏样式等信息。manifest.json 是 uni-app 应用的基础配置文件，对整个应用的运行非常重要。

8. pages.json

pages.json 用于配置页面及其样式，可以设置每个页面的路由信息、窗口样式、导航栏样式等。在 pages.json 中，可以定义应用的页面结构，包括页面之间的跳转关系和交互逻辑，是 uni-app 应用的页面配置核心。

9. uni.scss

uni.scss 是 uni-app 内置的变量样式文件，其中定义了一些全局的样式变量和常用样式，可以在整个应用中使用。uni.scss 中包含了一些基础样式和颜色定义，可以帮助开发者快速定制应用的样式，提高开发效率。

通过了解和熟悉 uni-app 项目的目录结构，开发者可以更清晰地组织和管理自己的项目文件，提高开发效率，减少不必要的错误，实现快速开发和部署应用。

1.5 入口文件及入口组件

在 uni-app 中，入口文件 main.js 起着非常重要的作用，它负责初始化应用程序并将其加载到页面中。以下代码片段展示了一个典型的 uni-app 入口文件 main.js 的结构，同时也展示了如何在不同情况下使用 Vue2 和 Vue3 的不同写法。

示例代码如下：

```
import App from './App'

// #ifndef VUE3
import Vue from 'vue'
import './uni.promisify.adaptor'
Vue.config.productionTip = false
App.mpType = 'app'
const app = new Vue({
  ...App
})
app.$mount()
// #endif

// #ifdef VUE3
import { createSSRApp } from 'vue'
export function createApp() {
  const app = createSSRApp(App)
```

```
  return {
    app
  }
}
// #endif
```

【代码解析】

首先，在代码的起始部分，引入了 App 组件，该组件是 uni-app 应用的根组件，负责整个应用的渲染和管理。接着，根据条件编译语法进行了区分，分别处理了在 Vue2 和 Vue3 下的不同情况。

在 Vue2 的情况下（#ifndef VUE3），引入了 Vue 框架，并将 uni-promisify.adaptor 文件作为插件引入，用于处理 uni-app 异步 API 的 promise 化。然后，配置了 Vue 的一些全局属性，如生产环境的提示关闭。接着，将 App 组件的类型设置为 app，创建了一个 Vue 实例，并将 App 组件作为根组件传入，最后手动挂载这个 Vue 实例到页面上。

在 Vue3 的情况下（#ifdef VUE3），使用了 Vue3 的新特性之一——createSSRApp 函数来创建应用程序实例，并将 App 组件作为参数传入。最后，通过 export 导出一个 createApp 函数，返回应用程序实例，以便其他模块能够引用。

通过上述代码，不仅可以了解 uni-app 入口文件 main.js 的整体结构，还能对 Vue2 和 Vue3 在 uni-app 项目中的应用有一个初步了解。在实际开发中，根据具体情况选择合适的 Vue 版本，并合理配置入口文件 main.js，将有助于提高应用性能和开发效率。

接下来，探讨一下 App.js 入口组件，示例代码如下。

```
<script>
    export default {
        onLaunch: function() {
            console.log('App Launch')
        },
        onShow: function() {
            console.log('App Show')
        },
        onHide: function() {
            console.log('App Hide')
        }
    }
</script>
```

【代码解析】

入口组件是一个基本的 uni-app 应用生命周期相关的代码片段。

在这段代码中，定义了一个默认导出对象，其中包含了三个方法：onLaunch、onShow 和 onHide。

（1）onLaunch 方法会在应用初始化完成时被调用，可以在这里执行一些初始化操作。在这个方法中，使用 console.log 输出了日志 App Launch，表示应用启动时会在控制台打印这段日志。

（2）onShow 方法会在应用进入前台时被调用，即应用从后台切换到前台时触发。在这个方法中，使用 console.log 输出了日志 App Show，表示应用进入前台时会在控制台打印这段日志。

（3）onHide 方法会在应用进入后台时被调用，即应用从前台切换到后台时触发。在这个方法中，使用 console.log 输出了日志 App Hide，表示应用进入后台时会在控制台打印这段日志。

这些方法的作用在于帮助开发者在应用的不同生命周期阶段执行相应操作，从而实现更复杂和完善的应用逻辑。通过 uni-app 的生命周期回调函数，开发者可以更有效地管理应用的状态和行为，从而提升用户体验和应用的功能性。

1.6 全局样式和局部样式

在项目开发中，CSS 是必不可少的一部分。在本节中，我们将深入探讨 uni-app 的全局样式和局部样式的使用方法。

1. 全局样式

在 uni-app 中，全局样式是指应用于每个页面的样式，可以在 App.vue 文件的 style 标签中编写。全局样式定义了页面整体的样式，例如可以用来清除默认样式、设置全局字体大小等。示例代码如下：

```html
<style>
    /* 每个页面公共 CSS */
    body {
        margin: 0;
        padding: 0;
        font-size: 14px;
    }
</style>
```

【代码解析】

在上面的代码中，为每个页面的 body 元素设置了统一的样式，包括移除页面的外边距和内边距，并将默认字体大小设置为 14px。这种全局样式的设置方式可以确保整个应用的风格一致性。

如果全局样式较多，也可以单独创建一个全局样式文件，通常将其放在 static 目录下的 css 目录中，然后在 App.vue 入口组件中引入这个全局样式文件。示例代码如下：

```html
<style>
    @import 'static/css/style.css';

    /* 每个页面公共 CSS */
    body {
        margin: 0;
        padding: 0;
        font-size: 14px;
    }
</style>
```

【代码解析】

通过将全局样式写入独立的 style.css 文件中，可以更好地组织和管理样式代码，使项目结构更加清晰。

需要注意的是，由于 App.vue 入口组件中的样式是全局样式，所以在 style 标签上不支持 scoped

属性，全局样式将直接作用于每个页面。

2. 局部样式

与全局样式相对应的是局部样式，局部样式只作用于当前页面。在 uni-app 中，局部样式是在每个页面的 style 标签中编写的，与 template 和 script 部分并列。下面是一个简单的局部样式示例代码。

```html
<style>
    .logo {
        height: 200rpx;
        width: 200rpx;
        margin-top: 200rpx;
        margin-left: auto;
        margin-right: auto;
        margin-bottom: 50rpx;
    }
</style>
```

【代码解析】

在上述代码中，定义了一个名为 logo 的类，设置了其高度、宽度，以及在页面中的位置。这样的局部样式可以根据页面的需要灵活调整样式，使得页面元素的样式更加个性化。

需要注意的是，在 uni-app 中，局部样式默认无须添加 scoped 属性，因为页面中的样式本身就是局部样式。这样设计可以简化样式的编写，同时避免样式的冲突问题。

全局样式和局部样式的合理运用是 uni-app 开发中不可或缺的一环。通过全局样式的统一设置，可以确保应用的整体风格统一；通过局部样式的灵活运用，可以为每个页面注入个性化的样式，提升用户体验。

1.7 pages.json 配置文件

在 uni-app 中，pages.json 配置文件扮演着至关重要的角色，它定义了小程序的页面路径、窗口表现、页面动画等信息。通过 pages.json 文件，可以轻松地管理和配置小程序的各个页面，使整个小程序的开发变得更加便捷和高效。本节将详细讲解 pages.json 配置文件的各个组成部分，并提供相应的示例代码。

首先，让我们来看一下示例代码中的 pages.json 配置信息。

```json
{
    "pages": [
        {
            "path": "pages/index/index",
            "style": {
                "navigationBarTitleText": "uni-app"
            }
        }
```

```
    ],
    "globalStyle": {
        "navigationBarTextStyle": "black",
        "navigationBarTitleText": "uni-app",
        "navigationBarBackgroundColor": "#F8F8F8",
        "backgroundColor": "#F8F8F8"
    },
    "uniIdRouter": {}
}
```

【代码解析】

（1）pages：这是一个数组，用于配置 uni-app 的所有页面。每个页面的配置信息包括页面的路径和样式设置。在示例中定义了一个页面，路径为 pages/index/index，pages 数组中的第一项表示项目首页。

（2）style：这是指定页面样式的字段，在示例中，设置了页面导航栏标题的文本（navigationBarTitleText）为 uni-app。

（3）globalStyle：这是全局样式配置，可以影响所有页面的样式。在示例中，设置了导航栏文字颜色（navigationBarTextStyle）为黑色，导航栏背景颜色（navigationBarBackgroundColor）为 #F8F8F8，页面背景颜色（backgroundColor）为"#F8F8F8"。

（4）uniIdRouter：这个字段用于配置 uni-id 插件的路由信息，如果小程序中有使用 uni-id 插件，则需要在这里进行相应配置。

通过 pages.json 配置文件，可以灵活地定义小程序的页面结构和样式，实现页面之间的自由跳转，同时通过全局样式统一整个小程序的 UI 风格。这种配置方式不仅便于开发者管理小程序，还能有效提升用户体验。

总体而言，pages.json 配置文件在 uni-app 开发中具有重要的作用，通过合理地配置，可以实现小程序页面的灵活管理和优化，使开发工作更加高效且有条不紊。

1.8 uni-app 常用的布局组件

在进行跨平台项目开发时，需要借助 uni-app 提供的各种布局组件来构建页面结构。在 uni-app 中，不能直接使用常见的 HTML 标签如 div、span、img，而需要转换成相应的组件标签以实现页面布局。本节将重点介绍 uni-app 中常用的布局组件，包括 view、text、button 和 image。

1. view 组件

view 组件是 uni-app 中最基础且常用的组件之一，它类似 HTML 中的 div 元素，在 uni-app 中用于包裹其他组件以构建页面结构。view 组件的作用是布局和包裹其他组件，可以设置宽度、高度、背景色、边框等样式属性。

以下是一个简单的 view 组件示例代码。

```html
<template>
  <view class="container">
```

```html
    <text>Hello, View!</text>
  </view>
</template>

<style>
.container {
  width: 100px;
  height: 100px;
  background-color: #f5f5f5;
}
</style>
```

【代码解析】

在上面的示例中，创建了一个宽高为 100px 的 view 组件，并在其内部包裹了一个文本组件 text。通过设置样式属性，实现了 view 组件的背景色为浅灰色。

2. text 组件

text 组件用于显示文本内容，类似 HTML 的 span 元素，但在 uni-app 中更加强大。text 组件支持设置文本的样式属性，如字体大小、颜色、对齐方式等，可以实现丰富的文本展示效果。

以下是一个简单的 text 组件示例代码。

```html
<template>
  <view class="container">
    <text class="title">Hello, Text!</text>
  </view>
</template>

<style>
.title {
  font-size: 20px;
  color: #333;
}
</style>
```

【代码解析】

在上面的示例中，创建了一个文本组件 text，并为其设置了字体大小为 20px、颜色为深灰色。这样就可以通过 text 组件展示不同样式的文本内容。

3. button 组件

button 组件是 uni-app 中常用的交互组件，用于创建可单击的按钮。button 组件支持设置按钮的样式属性，如背景色、字体大小、边框等，同时可以绑定单击事件以实现交互功能。

以下是一个简单的 button 组件示例代码。

```html
<template>
  <button class="btn" @click="handleClick">Click Me!</button>
</template>
```

```
<style>
.btn {
  background-color: #ff6347;
  color: #fff;
  font-size: 16px;
  padding: 10px 20px;
  border-radius: 5px;
}
</style>

<script>
export default {
  methods: {
    handleClick() {
      uni.showToast({
        title: 'Button Clicked!',
        icon: 'success'
      });
    }
  }
}
</script>
```

【代码解析】

在上面的示例中,创建了一个按钮组件 button,并为其设置了背景色为橙红色、字体颜色为白色、字体大小为 16px。同时,绑定了一个单击事件 handleClick,当按钮被单击时,会弹出一个 toast 提示。

4. image 组件

image 组件用于显示图片内容,类似 HTML 的 img 标签,但在 uni-app 中更加灵活。image 组件支持设置图片的路径、宽度、高度、显示模式等属性,可以展示不同样式的图片内容。

以下是一个简单的 image 组件示例代码。

```html
<template>
  <view>
    <image class="avatar" src="/static/avatar.jpg"></image>
  </view>
</template>

<style>
.avatar {
  width: 100px;
  height: 100px;
  border-radius: 50%;
}
</style>
```

【代码解析】

在上面的示例中,创建了一个图片组件 image,并设置了图片路径为本地的 avatar.jpg,宽高均为 100px、圆角为 50%。通过 image 组件，可以展示不同样式的图片内容。

通过上述对 uni-app 常用布局组件的介绍，可以帮助我们更好地理解和应用这些组件，在构建跨平台项目时发挥它们的作用。同时，应根据具体需求灵活运用布局组件，以创造更加丰富和优秀的用户体验。

1.9　scrollview 组件和 swiper 组件

在 uni-app 项目开发中，常常使用 scrollview 组件和 swiper 组件。这两个组件在页面布局和展示中起着重要的作用。本书将详细介绍 scrollview 组件和 swiper 组件的使用方法，并提供示例代码，帮助读者更好地理解和运用这两个常用的布局组件。

1. scrollview 组件

scrollview 组件是 uni-app 中常用的滚动组件，用于实现区域的滚动展示，支持垂直滚动和水平滚动。在项目开发中，当页面内容较多或者需要滚动展示全部内容时，通常会选择使用 scrollview 组件。

scrollview 组件主要特点如下。

- 支持垂直滚动和水平滚动。
- 可自定义滚动条样式。
- 适用于展示较多内容的区域。

scrollview 组件使用方法如下。

（1）在<template>中引入 scrollview 组件。

```html
<scroll-view class="scroll-view-container" scroll-direction="vertical">
   <!-- 这里放置需要滚动展示的内容 -->
</scroll-view>
```

（2）在<script>中配置 scrollview 组件的相关属性。

```js
export default {
   data() {
      return {
      }
   }
}
```

（3）在<style>中设置 scrollview 组件的样式。

```css
.scroll-view-container {
   width: 100%;
   height: 300rpx;
}
```

示例代码如下。

```html
<template>
   <view class="scroll-view-container">
      <scroll-view scroll-y style="height: 200rpx;">
         <view class="scroll-item" v-for="(item, index) in itemList" :key="index">
{{ item }}</view>
      </scroll-view>
   </view>
</template>

<script>
export default {
   data() {
      return {
         itemList: ['Item 1', 'Item 2', 'Item 3', 'Item 4', 'Item 5']
      }
   }
}
</script>

<style>
.scroll-view-container {
   width: 100%;
   height: 300rpx;
}

.scroll-item {
   line-height: 50rpx;
   text-align: center;
   border-bottom: 1rpx solid #eee;
}
</style>
```

【代码解析】

以上示例代码展示了一个简单的垂直滚动 scrollview 组件实现。在实际项目开发中，可以根据具体需求对 scrollview 组件进行更多样式的定制，以达到更好的展示效果。

2. swiper 组件

swiper 组件是 uni-app 中常用的轮播图组件，用于展示多张图片或内容的轮播效果。在移动端应用开发中，轮播图作为一种常见的展示形式，可以吸引用户的注意力，并提升页面的展示效果。

swiper 组件主要特点如下。

● 支持自动轮播和手动滑动切换。

● 可自定义轮播间隔时间。

● 适用于展示多张图片或内容。

swiper 组件使用方法如下。

（1）在<template>中引入 swiper 组件。

```html
```

```html
<swiper class="swiper-container">
    <!-- 这里放置轮播项内容 -->
</swiper>
```

（2）在\<script\>中配置 swiper 组件的相关属性。

```js
export default {
    data() {
        return {

        }
    }
}
```

（3）在\<style\>中设置 swiper 组件的样式。

```css
.swiper-container {
    width: 100%;
    height: 200rpx;
}
```

示例代码如下。

```html
<template>
    <view class="swiper-container">
        <swiper autoplay interval="3000">
            <swiper-item v-for="(item, index) in swiperList" :key="index">
                <image :src="item.imgUrl" mode="aspectFill"></image>
            </swiper-item>
        </swiper>
    </view>
</template>

<script>
export default {
    data() {
        return {
            swiperList: [
                { imgUrl: 'https://example.com/img1.jpg' },
                { imgUrl: 'https://example.com/img2.jpg' },
                { imgUrl: 'https://example.com/img3.jpg' }
            ]
        }
    }
}
</script>

<style>
.swiper-container {
    width: 100%;
    height: 200rpx;
```

```
}
swiper-item {
    width: 100%;
    height: 200rpx;
}
image {
    width: 100%;
    height: 100%;
}
</style>
```

【代码解析】
以上示例代码展示了一个自动轮播的 swiper 组件，其中包含三张图片作为轮播内容。在实际项目中，可以根据需求设置轮播的间隔时间、样式等属性，实现更加个性化的轮播效果。

通过本节内容，读者可以对 uni-app 中常用的布局组件 scrollview 和 swiper 有更深入的了解，可以在项目开发中灵活运用这两个组件，提升页面的展示效果和用户体验。

1.10　input 组件和 textarea 组件

input 组件是 uni-app 中极为常见且重要的组件之一，主要用于用户输入各种类型的内容。无论是制作登录界面、注册页面、信息填写表单，还是在搜索框中输入关键词，input 组件都发挥着不可或缺的作用。

input 组件支持多种输入类型，如文本、数字、密码等，使其能够适应不同的应用场景。通过配置占位符、设置最大长度、启用自动聚焦等属性，可以灵活地打造用户体验良好的输入框。

1. 关键属性及方法

（1）type：输入框类型，常见的值包括 text、number、password 等。
（2）value：输入框的默认值，通常用于初始化输入框内容。
（3）placeholder：输入框为空时的提示文本，用于引导用户输入正确的内容。
（4）maxlength：限制输入内容的最大长度，防止用户输入过多字符。
（5）focus：设置为 true 时，输入框会在页面加载时自动获得焦点。

以下是一个常见的 input 组件应用示例——一个模拟登录界面的输入框，示例代码如下。

```vue
<template>
    <view>
        <input
          type="text"
          value=""
          placeholder="请输入用户名"
          maxlength="20"
          focus="true"
```

```
      />
      <input
        type="password"
        value=""
        placeholder="请输入密码"
        maxlength="16"
      />
      <button @click="submit">登录</button>
    </view>
</template>
<script>
  export default {
    methods: {
      submit() {
        // 处理登录逻辑
        console.log('提交登录信息');
      }
    }
  }
</script>
```

【代码解析】

在上面的代码中,创建了一个简单的登录表单。用户名输入框设置了自动聚焦,以便用户打开页面就能直接输入用户名。密码输入框选择了 password 类型,使得用户输入的内容会显示为掩码形式。

2. textarea 组件的详解与应用

textarea 组件与 input 组件类似,主要用于多行文本的输入。无论是在意见反馈、评论区、还是其他需要用户输入大量文本的场景中,textarea 组件都十分实用。

textarea 组件支持自动高度调整功能,使得用户输入更多文本时,不会因为纵向空间限制而影响使用体验。此外,textarea 组件的字数统计功能可以有效防止用户输入超过规定长度的文本。

textarea 组件的关键属性及方法如下。

(1) value:textarea 的默认值,用于初始化一些引导性的文本或提示信息。

(2) placeholder:输入框为空时的提示文本,用于提示用户输入内容。

(3) maxlength:限制输入内容的最大长度,避免用户输入超过预期的文本量。

(4) auto-height:设置为 true 时,textarea 高度根据内容自动调整,提升用户体验。

以下为一个使用 textarea 组件的意见反馈表单,示例代码如下。

```vue
<template>
    <view>
      <textarea
        value=""
        placeholder="请输入您的意见或建议"
        maxlength="500"
        auto-height="true"
      />
      <button @click="submitFeedback">提交意见</button>
```

```
        </view>
</template>
<script>
    export default {
      methods: {
        submitFeedback() {
          // 处理反馈提交逻辑
          console.log('提交反馈信息');
        }
      }
    }
</script>
```

【代码解析】

在这个示例中，使用 textarea 组件创建了一个意见反馈表单。用户可以在文本区域输入多行的意见或建议，文本框会根据输入内容自动调整高度，从而优化用户交互体验。

通过以上实例，可以看到 input 组件和 textarea 组件在不同场景中的应用。它们的灵活性和多样性极大地丰富了表单组件的使用方式。如果开发一款需要用户输入信息的应用，不妨尝试一下这两个组件，合理运用它们的属性和方法，为用户提供优质的使用体验。

1.11　icon 组件

在项目开发中，图标已成为用户界面设计中不可或缺的一部分。uni-app 通过 icon 组件使开发者能够轻松地在应用中展示各种类型的图标，不仅能显著提升视觉效果，还能极大地改善用户体验。无论是用于按钮、导航栏还是在状态显示等场景，icon 组件都提供了非常简便且高效的解决方案。

icon 组件支持系统自带的图标库，这种灵活性使得图标的应用更加多样化。

在使用 icon 组件时，需要了解一些关键属性和方法，以便更好地掌控图标的展示效果。

1. type

属性说明：用于指定图标的类型。

用法示例如下。

```html
    <icon type="success" />
```

该属性通常用于选择特定的系统图标，例如 success 表示成功图标，常见的图标还包括 info、warn、waiting 等。

2. size

属性说明：用于设置图标的大小。

用法示例如下。

```html
    <icon type=" success " size="40" />
```

size 属性可以通过数字直接设定图标像素大小，例如 40 表示图标大小为 40 像素。

3. color

属性说明：用于设置图标的颜色。

用法示例如下。

```html
    <icon type=" success " size="40" color="#00f" />
```

color 属性采用十六进制颜色值或内置的颜色表示法，例如 "#00f" 表示蓝色。

通过上面三个关键属性，可以自由地定制图标的展示效果。在实际开发中，合理结合这些属性可以实现丰富多彩的 UI 界面。

下面通过一个完整的示例来展示如何利用 icon 组件的属性创建一个功能齐全的按钮。

```html
<template>
    <view class="container">
      <button class="btn">
        <icon type="waiting" size="24" color="#FFD700" />
        <text class="btn-text">收藏</text>
      </button>
    </view>
</template>

<script>
    export default {
      name: "IconExample"
    };
</script>

<style>
    .container {
      display: flex;
      justify-content: center;
      align-items: center;
      height: 100vh;
    }

    .btn {
      display: flex;
      align-items: center;
      justify-content: center;
      padding: 10px 20px;
      border: 1px solid #ccc;
      border-radius: 5px;
      background-color: #f5f5f5;
      cursor: pointer;
    }

    .btn-text {
      margin-left: 10px;
      font-size: 16px;
```

```
        color: #333;
    }
</style>
```

【代码解析】

在上面的代码中,定义了一个带有图标的"收藏"按钮。这个按钮不仅包含了展示图标的属性设定,还通过 CSS 样式使其看起来更加美观。

在 template 部分,使用 icon 标签定义了类型为 waiting 的图标,并设置了其大小和颜色,接着通过 text 标签添加了按钮文本。

通过上述示例,可以看到 icon 组件能够极大地简化图标的使用过程,使开发者能更专注于用户体验的优化和界面的美观设计。

1.12　picker 组件

在 uni-app 中,picker 组件是一种常用的 UI 元素,主要用于弹出一个选择框,供用户从中选择一个或多个选项。这类选择器组件在多个场景中都非常适用,包括时间选择、区域选择及分类选择等。其主要优势在于美观且易用,可以显著提升用户体验。本节将详细介绍 picker 组件的关键属性和方法,并通过实例代码展示如何在 uni-app 项目中实现 picker 组件的应用。

在使用 picker 组件时,需了解以下关键属性和方法。

(1) mode:选择器的类型,可以是以下几种。
- selector:单列选择器。
- multiSelector:多列选择器。
- time:时间选择器。
- date:日期选择器。

(2) range:提供给选择器的数据数组,用于定义选择器中显示的选项。

(3) rangeKey:指定展示选项数据对象中的键。如果 range 是对象数组,需要指定哪一个键的值来显示。

(4) value:默认选中项的索引,可以是单个索引值或索引值数组。

以下为使用 picker 组件的示例代码,展示了如何在 uni-app 项目中实现一个日期选择器和一个单列选择器。

1. 示例一:日期选择器

```vue
<template>
    <view class="content">
      <picker mode="date" @change="onDateChange">
        <view class="picker">
          当前选择: {{ dateValue }}
        </view>
      </picker>
    </view>
```

```
</template>

<script>
    export default {
        data() {
            return {
                dateValue: '2024-07-01'
            };
        },
        methods: {
            onDateChange(event) {
                this.dateValue = event.target.value;
            }
        }
    };
</script>
```

【代码解析】

在这个示例中，picker 组件的 mode 属性被设置为 date，代表这是一个日期选择器。此外，通过监听@change 事件，可以更新显示的选中日期。

2. 示例二：单列选择器

```vue
<template>
    <view class="content">
        <picker :range="items" @change="onItemChange">
            <view class="picker">
                当前选择: {{ currentItem }}
            </view>
        </picker>
    </view>
</template>

<script>
    export default {
        data() {
            return {
                items: ['选项一', '选项二', '选项三'],
                currentItem: '选项一'
            };
        },
        methods: {
            onItemChange(event) {
                this.currentItem = this.items[event.target.value];
            }
        }
    };
</script>
```

【代码解析】

在这个示例中，picker 组件的 range 属性被设置为一个数组 items，其中包含三个选项。默认选中索引为 0，即显示"选项一"。通过监听 @change 事件，当前选中的项被更新，以反映用户的选择。

通过上面的实例代码，可以看出 picker 组件在 uni-app 中的使用非常简便。无论是日期选择、时间选择还是单列、多列选择，都可以通过不同的 mode 值和 range 数据来实现。在实际开发过程中，可以根据具体需求调整 picker 组件的属性。这些功能既提升了用户体验，又增强了应用的交互性和美观性。

1.13 事件处理

事件处理是实现用户交互的重要方式。uni-app 使用 Vue.js 风格的事件绑定和处理机制，通过 @ 语法直接在模板中监听和处理事件。本节将深入探讨 uni-app 的事件处理机制，并通过一些实例代码来说明如何在 uni-app 中使用事件对象和事件修饰符。

1. 事件绑定

在 uni-app 中，可以通过在组件标签上使用 @ 符号来绑定事件。这种语法简洁明了且高效，使得开发者能够快速实现用户交互功能，示例代码如下。

```html
<template>
    <view>
      <button @click="handleClick">点击我</button>
    </view>
</template>
```

【代码解析】

在上述代码中，使用 @click 绑定了一个单击事件，当用户单击按钮时，将触发 handleClick 方法。在 script 部分，需要定义这个事件处理方法，示例代码如下。

```javascript
<script>
export default {
  methods: {
    handleClick() {
      console.log('按钮被单击了');
    }
  }
}
</script>
```

【代码解析】

运行此代码，当用户单击按钮时，控制台将输出"按钮被单击了"。这说明我们的事件绑定已经生效。

2. 事件对象

在某些场景下需要获取事件的更多信息，如点击的位置、按下的键等。可以通过事件对象来访问这些信息，事件对象会自动传给事件处理方法，示例代码如下。

```html
<template>
 <view>
  <button @click="handleClickWithEvent">单击我获取事件对象</button>
 </view>
</template>
```

```javascript
<script>
export default {
  methods: {
    handleClickWithEvent(event) {
      console.log('事件对象:', event);
    }
  }
}
</script>
```

【代码解析】

当用户点击按钮时，事件对象将作为参数传给 handleClickWithEvent 方法，并且在控制台输出完整的事件对象。通过这个对象，可以获取更多有用信息，如单击的位置、目标元素等。

3. 事件修饰符

在 uni-app 中，可以使用事件修饰符来精确控制事件的行为。事件修饰符可以阻止事件冒泡、阻止事件默认行为以及实现事件捕获等功能。常用的事件修饰符包括.stop、.prevent 和.capture 等。

1）.stop（阻止事件冒泡）

事件冒泡指的是事件从触发元素依次向上传递至祖先元素的过程。若需阻止这种冒泡行为，可以使用.stop 修饰符，示例代码如下。

```html
<template>
 <view>
  <button @click.stop="handleClickStop">阻止事件冒泡</button>
 </view>
</template>
```

```javascript
<script>
export default {
  methods: {
    handleClickStop() {
      console.log('冒泡事件被阻止了');
    }
```

```
    }
}
</script>
```

  使用.stop 修饰符后，单击按钮时事件将不再传递至祖先元素，仅触发当前元素的事件处理方法。

  2).prevent（阻止事件默认行为）

  默认行为指的是浏览器对于某些事件的预定义处理。例如，一个 form 表单的提交，默认行为是刷新页面。可以通过.prevent 修饰符来阻止这种默认行为，示例代码如下。

```html
<template>
  <view>
    <form @submit.prevent="handleSubmit">
      <button type="submit">提交</button>
    </form>
  </view>
</template>
```

```javascript
<script>
export default {
  methods: {
    handleSubmit() {
      console.log('表单提交事件被阻止');
    }
  }
}
</script>
```

  通过.prevent 修饰符，单击"提交"按钮后页面将不会刷新，事件处理方法仍会执行。

  3).capture（使用事件捕获模式）

  事件捕获是相对事件冒泡的另一种事件传递机制。在捕获模式下，事件从文档根节点逐层传递至目标元素。可以使用.capture 修饰符启用捕获模式，示例代码如下。

```html
    <template>
      <view @click.capture="handleParentClick">
        <button @click="handleClick">事件捕获</button>
      </view>
    </template>
```

```javascript
    <script>
    export default {
      methods: {
        handleClick() {
          console.log('按钮被单击');
        },
        handleParentClick() {
```

```
        console.log('父元素捕获事件');
      }
    }
  }
</script>
```

【代码解析】

在上述代码中，父元素的单击事件绑定使用了 .capture 修饰符，因此即使单击按钮，父元素的事件处理方法也会先于按钮的事件处理方法执行。

4. 组合使用事件修饰符

可以组合使用多个修饰符以实现更复杂的事件处理需求。例如，希望在阻止事件冒泡的同时也阻止事件默认行为，示例代码如下。

```html
<template>
  <view>
    <button @click.stop.prevent="handleComplexEvent">组合使用修饰符</button>
  </view>
</template>
```

```javascript
<script>
export default {
  methods: {
    handleComplexEvent() {
      console.log('同时阻止事件冒泡和默认行为');
    }
  }
}
</script>
```

【代码解析】

通过上述代码，当按钮被单击时，不会发生事件冒泡，也不会触发任何默认行为。

通过这节内容，我们学习了在 uni-app 中如何使用@语法绑定事件，探讨了如何利用事件对象获取更多事件信息，并详细介绍了常用的事件修饰符及其组合使用方式。

这些知识将帮助我们更灵活地处理用户交互事件，实现更顺畅的用户体验。在接下来的开发中，大家可以根据具体需求灵活运用这些事件处理技巧，不断丰富应用的功能与细节。

第 2 章　uni-app 核心语法

在本章中，我们将深入探索 uni-app 的核心语法。首先，将详细展示页面跳转的多种实现方式，让你能轻松在不同页面间切换，从而提升应用的用户体验。接着，我们将解析页面间的通信方式和参数传递技巧，确保数据可以无缝流动，实现更复杂和动态的交互。

此外，本章还涵盖了 Vue2 和 Vue3 的生命周期比较和应用，帮助理解和掌握组件在不同状态下的行为，学会如何在组件的不同生命周期阶段执行特定操作，从而更好地控制和优化应用。

网络请求是任何现代应用不可或缺的部分，本章将指导你如何封装网络请求，提高代码的重用性和可维护性。同时，还将讨论如何实现本地存储，确保用户数据的持久化保存和快速访问。

通过学习这些内容，你将能够在 uni-app 中应对各种开发需求，这将为打造性能优越、用户体验佳的跨平台应用奠定坚实的基础。

2.1　页面跳转

在学习 uni-app 的过程中，页面跳转是一个重要的知识点。通过 navigator 可以实现不同类型的页面跳转，包括打开新页面（navigate）、页面重定向（redirectTo）、页面返回（navigateBack）、Tab 切换（switchTab）以及重加载（reLaunch）。下面将具体介绍这 5 种页面跳转方式的示例代码。

1. 打开新页面（navigate）

示例代码如下。

```html
<template>
  <view @click="goToPageB">跳转到页面 B</view>
</template>

<script>
export default {
  methods: {
    goToPageB() {
      uni.navigateTo({
        url: '/pages/pageB'
      });
    }
  }
}
</script>

<!-- 页面 B -->
```

```
<template>
  <view>这是页面 B</view>
</template>
```

2. 页面重定向（redirectTo）

示例代码如下。

```html
<script>
export default {
  onShow() {
    uni.redirectTo({
      url: '/pages/pageC'
    });
  }
}
</script>

<!-- 页面 C -->
<template>
  <view>这是页面 C</view>
</template>
```

3. 页面返回（navigateBack）

示例代码如下。

```html
<script>
export default {
  methods: {
    goBack() {
      uni.navigateBack({
        delta: 1
      });
    }
  }
}
</script>
```

4. Tab 切换（switchTab）

示例代码如下。

```html
<!-- 页面 D -->
<template>
  <button @click="switchTab">切换 Tab 页面</button>
</template>

<script>
export default {
```

```
methods: {
  switchTab() {
    uni.switchTab({
      url: '/pages/tabE'
    });
  }
}
}
</script>
```

5. 重加载（reLaunch）

示例代码如下：

```html
<script>
export default {
  methods: {
    reloadPage() {
      uni.reLaunch({
        url: '/pages/pageF'
      });
    }
  }
}
</script>

<!-- 页面 F -->
<template>
  <view>这是页面 F</view>
</template>
```

通过对这 5 种页面跳转方式的学习和实践，相信大家对 uni-app 中的页面跳转已经有了更深入的理解。希望这些示例能帮助你更熟练地掌握 uni-app 中页面跳转的知识点。

2.2 页面通信

2.2.1 URL 参数传递

在 uni-app 开发中，页面之间的通信是非常重要的一个功能。其中，URL 参数传递是实现页面跳转并携带参数的常见方式之一。本节将深入探讨如何在 uni-app 中实现 URL 参数传递，并通过示例代码展示详细的实现步骤。

首先，以一个具体场景为例，假设需要新建一个名为 detail 的详情页面，并在跳转的过程中携带用户名和密码两个参数。在 uni-app 中，实现页面跳转并携带参数的核心方法是 uni.navigateTo()，接下来将通过代码示例来演示这一过程。

```javascript
methods: {
    goToPageDetail(){
        uni.navigateTo({
            url: `/pages/detail/detail?uname=admin&password=test23456`
        })
    }
}
```

【代码解析】

在上述代码中，通过 uni.navigateTo()方法实现了页面跳转，并在 URL 中携带了用户名 admin 和密码 test23456 两个参数。接下来，展示如何在 detail.vue 页面中接收这些传递的参数。

在 detail.vue 页面中，可以通过 onLoad()生命周期函数接收 URL 中传递的参数，示例代码如下。

```javascript
onLoad(options) {
    console.log("接收参数:", options)
    this.uname = options.uname;
    this.password = options.password;
}
```

通过以上代码，成功将 URL 传递的参数 uname 和 password 赋值给当前页面的变量。最后，可以将接收的参数渲染到页面上，使用户能够直观地看到传递的参数值。

```html
<template>
    <view>
        {{ uname }}
        {{ password }}
    </view>
</template>
```

【代码解析】

在这段简单的示例代码中，展示了如何在 uni-app 中通过 URL 参数实现页面间传递数据。这种方式简洁高效，适用于各种场景，如登录跳转、信息展示等。通过灵活运用 URL 参数传递的方法，可以更便捷地实现页面间数据的传递与交互，提升用户体验，实现更丰富的功能。

2.2.2 使用 eventChannel 实现页面数据传递

在页面数据传递的方法中，eventChannel 是一个非常方便且实用的工具。本节将介绍如何使用 eventChannel 实现页面间的数据传递，并通过一个简单的示例代码演示这个过程。

以一个具体的例子来说明 eventChannel 的用法。假设有两个页面，列表页面和详情页面。希望在列表页面单击某个项目后，能够将相应的数据传递到详情页面并进行展示。现在我们来看具体的实现过程。

首先，在列表页面中，通过 uni.navigateTo 跳转到详情页面，并在跳转成功后通过 eventChannel

传递数据。示例代码如下。

```javascript
methods: {
    goToPageDetail() {
        uni.navigateTo({
            url: '/pages/detail/detail?uname=admin&password=123456',
            success(res) {
                res.eventChannel.emit('acceptData', {
                    msg: 'Hello'
                })
            }
        })
    }
}
```

【代码解析】

在上面的代码中，首先使用 uni.navigateTo 跳转到详情页面，并在跳转成功后通过 res.eventChannel.emit 方法向详情页面传递一个包含 msg 字段的数据对象。

接下来，在详情页面中，需要在 onLoad 生命周期获取传递过来的数据，并将其渲染到页面上。以下是详情页面的相关代码。

```javascript
onLoad(options) {
    console.log("接收参数:", options)
    const eventChannel = this.getOpenerEventChannel()
    eventChannel.on('acceptData', (data) => {
        console.log(data)
        this.msg = data.msg
    })
}
```

【代码解析】

在上面的代码中，首先通过 this.getOpenerEventChannel()方法获取开启当前页面的 eventChannel 对象，然后在接收数据后将其保存在页面的 msg 变量中。

最后，将收到的数据渲染到页面的视图层中。以下是详情页面对应的模板代码。

```html
<template>
    <view>
        {{msg}}
    </view>
</template>
```

【代码解析】

通过以上的步骤，完成了使用 eventChannel 进行页面间数据传递的整个过程。在实际开发中，可以根据具体的需求和场景，灵活运用 eventChannel 实现更复杂的数据传递逻辑。

通过本节内容的学习，我们掌握了在 uni-app 开发中如何使用 eventChannel 实现页面间的数据传递。这种方式简单而高效，能够更好地组织和管理页面间的数据传递过程，提高开发效率。

2.2.3　参数逆向传递

在 uni-app 开发中，参数逆向传递是一项非常实用的技术。通过参数逆向传递，可以实现在页面间传递数据，使应用程序更加智能和用户友好。在下面的示例代码中，将演示如何在 uni-app 中实现参数逆向传递，具体场景为从首页跳转到详情页，然后在返回首页时携带详情页数据。

跳转到详情页的代码如下。

```javascript
methods: {
    goToPageDetail(){
        uni.navigateTo({
            url:'/pages/detail/detail',
        })
    }
}
```

【代码解析】

在上面的代码中，定义了一个方法 goToPageDetail，当触发相应事件时，调用 uni-app 提供的 uni.navigateTo 方法来跳转到详情页 /pages/detail/detail。

返回到首页并携带详情页数据的代码如下。

```javascript
methods: {
    goToBack(){
        uni.navigateBack({
            delta:1
        })
        const eventChannel = this.getOpenerEventChannel()
        eventChannel.emit('acceptData',{
            data: '详情页数据'
        })
    }
}
```

在返回到首页的方法中，首先通过 uni.navigateBack 方法返回上一页，然后通过 this.getOpenerEventChannel()方法获取上一页的事件通道，最后通过 emit 方法向上一页传递数据。这样就实现了在返回首页时携带详情页数据的功能。

接下来，需要在首页中接收传递过来的数据并更新页面，示例代码如下。

```javascript
methods: {
    goToPageDetail(){
        uni.navigateTo({
            url:'/pages/detail/detail',
            events:{
                acceptData: (data) => {
```

```
                console.log('详情页数据', data)
                this.msg = data.data
                console.log(this.msg)
            }
        })
    }
}
```

在首页跳转到详情页时，在事件监听中定义了 acceptData 事件，当接收到数据时，通过 this.msg=data.data 更新页面数据，并在控制台中输出详情页数据。这样就完成了在首页接收详情页数据并渲染的操作。

首页中渲染详情页数据的代码如下。

```html
<template>
    <view>
        <button @click="goToPageDetail">跳转到详情页</button>
        {{msg}}
    </view>
</template>
```

【代码解析】

在上面的代码中，使用 Vue 的模板语法{{msg}}来展示详情页传递过来的数据。当用户单击按钮跳转到详情页后，详情页传递的数据将在首页页面上展示出来。

通过以上示例代码，演示了在 uni-app 中实现参数逆向传递的整个过程。参数逆向传递可以实现页面间数据的传递和更新，为应用程序增添了更多交互性和实用性。

2.2.4 事件总线

在 uni-App 开发中，事件总线是一个非常有用的工具，它可以帮助不同页面之间进行通信，实现数据传递和交互。在本节中，将使用事件总线实现一个场景：单击"首页"按钮跳转到详情页，在详情页单击"返回"按钮时将详情页数据传递给首页，示例代码如下。

在首页单击按钮跳转到详情页。

```html
<button @click="goToPageDetail_01">跳转到详情页</button>
```

在首页的 methods 中添加以下代码。

```javascript
methods: {
    goToPageDetail_01() {
        uni.navigateTo({
            url: '/pages/detail01/detail01'
        })
    }
```

```
}
```

在详情页单击"返回"按钮,返回上一页并触发全局事件。

```javascript
methods: {
    goBack() {
        uni.navigateBack({
            delta: 1
        })
        // 触发全局事件
        uni.$emit('accept', {
            data: {
                msg: '详情页数据'
            }
        })
    }
}
```

在首页接收从详情页传递过来的数据。

```javascript
onLoad() {
    uni.$on('accept', this.accept)
},
methods: {
    accept(data) {
        console.log('这是详情页数据', data)
    }
}
```

为了避免内存泄漏,需要在页面销毁时销毁全局事件监听。

```javascript
onUnload() {
    uni.$off('accept', this.accept)
}
```

需要注意的是,事件总线通常是逆向的,这意味着先监听事件,再触发事件。如果是正向的,即单击"跳转"按钮触发事件,但是详情页还未打开或未监听,是无法接收事件的。因此,在使用事件总线时,首先要确保有监听事件的机制存在,然后再发送事件。

通过上述示例代码,实现了简单的页面跳转和数据传递功能。在实际开发中,事件总线可以帮助我们更高效地管理页面之间的交互,提高开发效率与用户体验。

2.3 页面生命周期 Options API

在 uni-app 开发中,了解页面的生命周期是非常重要的。页面生命周期指的是页面在不同阶段执行的一系列回调函数，通过这些回调函数可以实现在不同阶段对页面执行相应操作。在 uni-app 中，页面的生命周期函数和 Vue2 中 Options API 定义的生命周期函数具有较高的相似性。本节将深入讲解 uni-app 页面的生命周期，更好地掌握页面开发的技巧。

首先，Vue2 中 Options API 常见的生命周期函数如下。
- onLoad()：页面加载时触发。
- onShow()：页面显示时触发。
- onReady()：页面初次渲染完成时触发。
- onHide()：页面隐藏时触发。
- onUnload()：页面卸载时触发。
- onPullDownRefresh()：用户下拉页面时触发。
- onReachBottom()：用户上拉页面时触发。

现在，以 uni-app 为例，逐个展示上述生命周期函数的示例代码。

1. onLoad()示例代码

```vue
<template>
  <view>{{ message }}</view>
</template>

<script>
export default {
  data() {
    return {
      message: 'Hello, onLoad!'
    };
  },
  onLoad() {
    console.log('页面加载完成');
  }
};
</script>
```

2. onShow()示例代码

```vue
<template>
  <view>{{ message }}</view>
</template>

<script>
export default {
  data() {
    return {
      message: 'Hello, onShow!'
    };
  },
  onShow() {
```

```
    console.log('页面显示完成');
  }
};
</script>
```

3. onReady()示例代码

```vue
<template>
  <view>{{ message }}</view>
</template>

<script>
export default {
  data() {
    return {
      message: 'Hello, onReady!'
    };
  },
  onReady() {
    console.log('页面初次渲染完成');
  }
};
</script>
```

4. onHide()示例代码

```vue
<template>
  <view>{{ message }}</view>
</template>

<script>
export default {
  data() {
    return {
      message: 'Hello, onHide!'
    };
  },
  onHide() {
    console.log('页面隐藏完成');
  }
};
</script>
```

5. onUnload()示例代码

```vue
<template>
  <view>{{ message }}</view>
</template>
```

```
<script>
export default {
  data() {
    return {
      message: 'Hello, onUnload!'
    };
  },
  onUnload() {
    console.log('页面卸载完成');
  }
};
</script>
```

6. onPullDownRefresh()示例代码

```vue
<template>
  <view>{{ message }}</view>
</template>

<script>
export default {
  data() {
    return {
      message: 'Hello, onPullDownRefresh!'
    };
  },
  onPullDownRefresh() {
    console.log('用户下拉页面');
  }
};
</script>
```

7. onReachBottom()示例代码

```vue
<template>
  <view>{{ message }}</view>
</template>

<script>
export default {
  data() {
    return {
      message: 'Hello, onReachBottom!'
    };
  },
  onReachBottom() {
    console.log('用户上拉页面');
  }
};
```

```
</script>
```

通过以上示例代码，可以清楚地了解 uni-app 页面生命周期函数的使用方法和执行时机。合理利用这些生命周期函数，可以更好地控制页面行为，实现更灵活、更智能的页面交互效果。

2.4 页面生命周期 Composition API

前面详细介绍了 Vue2 中 Options API 的页面生命周期函数。本节将深入探讨在 Vue3 中使用 Composition API 时，页面生命周期函数的应用。在 uni-app 开发中，正确使用页面生命周期函数是非常重要的，它能帮助我们在不同阶段触发相应操作，从而提高应用性能和用户体验。

首先，引入 uni-app 中的页面生命周期函数。在 Composition API 中，可以使用 script setup 语法统一引入需要的生命周期函数，示例代码如下。

```javascript
<script setup>
import {
  onLoad,
  onShow,
  onReady,
  onHide,
  onUnload,
  onPullDownRefresh,
  onReachBottom
} from '@dcloudio/uni-app'
</script>
```

接下来，将逐个介绍这些页面生命周期函数的具体用法和示例代码。

1. onLoad

onLoad 生命周期函数在页面加载时触发，这是一个常用的生命周期函数，主要用于初始化页面数据或执行一些必要的操作。例如，在 onLoad 函数中请求数据并更新页面显示。

```javascript
onLoad(() => {
  // 请求数据
  fetchData()
})
```

2. onShow

onShow 生命周期函数在页面显示时触发，并且每次页面展示都会触发该函数。可以在 onShow 函数中处理页面展示时需要执行的操作，如数据更新、动画刷新等。

```javascript
onShow(() => {
  // 数据更新
```

```javascript
  updateData()
})
```

3. onReady

onReady 生命周期函数在页面初次渲染完成时触发，可以在该函数中进行界面操作初始化或绑定事件等。

```javascript
onReady(() => {
  // 页面初始化
  initPage()
})
```

4. onHide

onHide 生命周期函数在页面隐藏时触发，如页面跳转到其他页面时触发 onHide 函数。可以在该函数中处理一些页面隐藏时的清理工作。

```javascript
onHide(() => {
  // 清理工作
  cleanUp()
})
```

5. onUnload

onUnload 生命周期函数在页面卸载时触发，如页面被销毁时触发 onUnload 函数。可以在该函数中执行一些资源释放操作。

```javascript
onUnload(() => {
  // 资源释放
  releaseResources()
})
```

6. onPullDownRefresh

onPullDownRefresh 生命周期函数在页面下拉刷新时触发，可用于实现下拉刷新功能。

```javascript
onPullDownRefresh(() => {
  // 下拉刷新操作
  doRefresh()
})
```

7. onReachBottom

onReachBottom 生命周期函数在页面上拉触底时触发，可用于实现上拉加载更多数据的功能。

```javascript
```

```
onReachBottom(() => {
  // 上拉加载更多数据
  loadMore()
})
```

通过正确地使用以上页面生命周期函数，可以更有效地控制页面行为，并在不同的阶段执行相应操作，从而提升用户体验和应用性能。

在 uni-app 开发中，页面生命周期是非常重要的一部分，希望本节的介绍能够帮助你更好地理解和使用页面生命周期函数。

2.5　封装网络请求

在 uni-app 开发中，如何封装网络请求是一个非常重要的话题。通过封装网络请求，可以更好地管理和维护代码，提高开发效率。本节将介绍如何封装 get 和 post 请求，并在项目中实现网络请求的发送。

1. 发起网络请求

API 文档说明如下。

请求地址：http://api.mm2018.com:8095/api/goods/home。

请求方式：GET。

返回数据格式：JSON 对象。

在 uni-app 中，可以通过以下示例代码发起网络请求。

```html
<button @click="fetchData">发送网络请求</button>
```

接着，在 methods 中编写 fetchData 方法。

```javascript
methods: {
    fetchData(){
        uni.request({
            url: 'http://api.mm2018.com:8095/api/goods/home',
            method: 'GET',
            success(res) {
                console.log(res)
            }
        })
    }
}
```

单击按钮即可通过 uni.request 发送网络请求，并在请求成功后打印返回的数据。

2. 封装网络请求

在实际项目开发中，常见的做法是将网络请求封装到一个独立的文件中，以便复用和维护。接下来，在 services 目录下新建 request.js 文件，并在其中封装 get 和 post 方法。

request.js 的内容如下。

```javascript
// 封装 get 方法
export const get = (url, data = {}) => {
    return new Promise((resolve, reject) => {
        uni.request({
            url: url,
            data: data,
            method: 'GET',
            success(res) {
                resolve(res)
            },
            fail(err) {
                reject(err)
            }
        })
    })
}

// 封装 post 方法
export const post = (url, data = {}) => {
    return new Promise((resolve, reject) => {
        uni.request({
            url: url,
            data: data,
            method: 'POST',
            success(res) {
                resolve(res)
            },
            fail(err) {
                reject(err)
            }
        })
    })
}
```

在 request.js 中，分别封装了 get 和 post 方法，通过 Promise 对象处理异步请求，请求成功则执行 resolve，失败则执行 reject。

在其他组件中，可以直接引入并使用 get 和 post 方法发送网络请求，示例代码如下。

```javascript
import { get, post } from '@/services/request'

// 使用封装的 get 方法发送 GET 请求
get('http://api.mm2018.com:8095/api/goods/home')
    .then(res => {
        console.log(res)
    })
    .catch(err => {
        console.error(err)
```

```
    })
```

通过以上示例，可以在 uni-app 项目中灵活地封装和调用网络请求，提高了代码的可维护性和复用性。在实际项目中，可以根据具体需求扩展更多网络请求方法，以便满足不同场景的需求。

2.6 本地存储

本节将重点介绍 uni-app 中的本地存储功能。在实际项目开发中，将数据存储到本地是非常常见且必不可少的一个知识点。例如，需要实现一个功能，即用户单击一个按钮将用户的 token 保存到本地，就需要使用 uni-app 中的本地存储功能。

uni-app 提供了一系列用于本地存储的 API，其中包括将数据存储到本地、获取本地存储数据以及清除本地存储数据。接下来，通过示例代码具体了解如何在 uni-app 中进行本地存储操作。

1. 将数据存储到本地

要将数据存储到本地，可以使用 uni.setStorage()方法。以下示例演示了如何将用户的 token 存储到本地。

```javascript
// 将用户 token 存储到本地
uni.setStorage({
  key: 'token',
  data: 'your_user_token_here',
  success: function () {
    console.log('Token saved successfully');
  }
});
```

在这段代码中，通过调用 uni.setStorage()方法将用户的 token 存储到本地。其中，key 是存储数据的键值，data 是待存储的数据，success 是一个回调函数，表示数据存储成功后执行的操作。

2. 获取本地存储数据

要获取本地存储的数据，可以使用 uni.getStorage()方法。以下示例演示了如何获取本地存储的用户 token。

```javascript
// 获取本地存储的用户 token
uni.getStorage({
  key: 'token',
  success: function (res) {
    console.log('User token retrieved: ', res.data);
  }
});
```

在这段代码中，通过调用 uni.getStorage()方法来获取之前存储在本地的用户 token。成功获取后，执行回调函数，并将结果打印到控制台。

3. 清除本地数据

如果需要清除本地存储的数据，可以使用 uni.removeStorage()方法。以下示例代码演示了如何清除本地存储的用户 token。

```javascript
// 清除本地存储的用户 token
uni.removeStorage({
  key: 'token',
  success: function () {
    console.log('User token removed successfully');
  }
});
```

通过调用 uni.removeStorage()方法可以清除之前存储在本地的用户 token。成功清除后，执行相应的回调函数。

总的来说，uni-app 提供了便捷的本地存储 API，使得在应用中对数据的管理变得更加简单且高效。通过本节的学习，掌握了如何在 uni-app 中进行本地存储操作，包括数据的存储、获取以及清除。

2.7 状态管理与全局数据

在 uni-app 开发过程中，随着应用复杂度的增加，状态管理和全局数据变得越来越关键。本节将深入探讨如何在 uni-app 中进行状态管理，重点介绍如何利用 Vuex 进行全局状态管理，以满足复杂应用开发的需求。

通过组件间传递数据和事件可以解决一些简单的数据通信问题。然而，当应用规模扩展并涉及深层次的组件树或跨越多个视图的数据共享时，随之而来的复杂度使得直接的父子组件通信变得难以维护和扩展。在这种情况下，需要一个集中化的状态管理工具来管理应用内的共享状态和数据。

1. Vuex 的概念

Vuex 是一个专为 Vue.js 应用程序开发的状态管理模式。它遵循单向数据流理念，将应用的所有共享状态集中管理，使得状态变更可预测和追踪。

1）Vuex 的核心概念
- State（状态）：存储应用中的共享数据。
- Getter（获取器）：计算属性，返回派生状态。
- Mutation（变更）：同步修改状态。
- Action（动作）：提交 mutation，可包含异步操作。
- Module（模块）：将状态分割为模块化的存储单元。

2）在 uni-app 中引入 Vuex

在项目根目录中新建一个 store 文件夹，用于存放 Vuex 相关文件。接着，在 store 文件夹中新建一个 index.js 文件，以创建 store 实例，示例代码如下。

```javascript
// store/index.js
import { createStore } from 'vuex'
const store = createStore({
  state: {
    user: {
      name: '',
      age: 0
    },
    isLoggedIn: false
  },
  getters: {
    userName: state => state.user.name,
    userAge: state => state.user.age,
    loggedInStatus: state => state.isLoggedIn
  },
  mutations: {
    setUser(state, user) {
      state.user.name = user.name;
      state.user.age = user.age;
    },
    setLoggedIn(state, status) {
      state.isLoggedIn = status;
    }
  },
  actions: {
    updateUser({ commit }, user) {
      // 这里可以进行异步操作
      setTimeout(() => {
        commit('setUser', user);
      }, 1000);
    },
    loginUser({ commit }) {
      // 模拟登录操作
      setTimeout(() => {
        commit('setLoggedIn', true);
      }, 1000);
    }
  },
  modules: {
    // 可以将不同的模块拆分到各自的文件中
  }
});
export default store;
```

在 main.js 中引入并使用 store。

```javascript
// main.js
import { createSSRApp } from 'vue'
import App from './App.vue'
import store from './store'
```

```
export function createApp() {
  const app = createSSRApp(App);
  app.use(store);
  return {
    app
  }
}
```

2. 使用 Vuex 管理全局数据

我们来看一个具体的使用例子,通过 Vuex 实现用户登录状态的管理。在 pages/index/index.vue 文件中引入 store 并展示用户信息,示例代码如下。

```vue
<template>
  <view>
    <text>用户名称: {{ userName }}</text>
    <text>用户年龄: {{ userAge }}</text>
    <button @click="login">登录</button>
    <text>登录状态: {{ loggedInStatus ? '已登录' : '未登录' }}</text>
  </view>
</template>
<script>
import { mapGetters, mapActions } from 'vuex'
export default {
  computed: {
    ...mapGetters(['userName', 'userAge', 'loggedInStatus'])
  },
  methods: {
    ...mapActions(['loginUser']),
    login() {
      this.loginUser().then(() => {
        console.log('用户已登录');
      });
    }
  }
}
</script>
```

【代码解析】

当用户单击"登录"按钮时,调用 loginUser action,该 action 异步模拟登录操作,并在登录成功后通过 mutation 修改 isLoggedIn 状态,同时更新用户信息。

这种方式实现了全局状态的一致性,使数据和视图的绑定更加清晰和可维护。在复杂应用中,模块化的状态管理使开发和维护都变得更加可控。

通过本节的学习,我们了解了在 uni-app 中进行状态管理的重要性,并掌握了 Vuex 的基本使用方法和原理。通过集中化的状态管理可以更清晰地组织和管理应用的数据流,提升应用的稳定性和可维护性。

无论是小型还是中大型应用,良好的状态管理都是提高开发效率和代码质量的关键。

2.8 文件处理

在应用开发中，处理文件是一个不可避免的重要环节。从上传和下载文件到读取和写入文件，文件操作的需求无处不在。正因如此，uni-app 提供了完整且便捷的文件处理 API，以帮助开发者轻松应对各种文件操作需求。无论是在移动端还是 Web 端，uni-app 都能一站式满足文件处理需求，确保开发流程顺畅无阻。

1. 文件上传

文件上传在表单提交、图片和文档存储等场景中十分常见。uni-app 提供了 uploadFile 接口，用于将本地资源上传到服务器。

以下是一个简单的文件上传示例。

```javascript
uni.chooseImage({
  count: 1,
  success: function (res) {
    const tempFilePath = res.tempFilePaths[0];
    uni.uploadFile({
      url: ' http://api.jjcto.com/admin/image/upload ',
      filePath: tempFilePath,
      name: 'file',
      formData: {
       user': 'test'
      },
      success: function (uploadFileRes) {
        console.log('上传成功', uploadFileRes.data);
      },
      fail: function (e) {
        console.error('上传失败', e);
      }
    });
  },
  fail: function (e) {
    console.error('选择图片失败', e);
  }
});
```

这段代码主要实现了选择一张图片并将其上传到指定服务器的功能，可以逐步分析代码中各个部分的作用。

```
uni.chooseImage({
 count: 1,
 success: function (res) {
   const tempFilePath = res.tempFilePaths[0];
   ...
 },
```

```
  fail: function (e) {
    console.error('选择图片失败', e);
  }
});
```

这一部分代码使用 uni.chooseImage 方法来选择一张图片，具体参数如下。
- count: 1：指定最多可以选择一张图片。
- success：一个回调函数，在成功选择图片后被调用。
  - res：返回的结果对象。
  - res.tempFilePaths：包含所选择图片的临时文件路径数组。
  - tempFilePath：从返回结果中获取所选择的第一张图片的路径。

如果用户成功选择图片，将执行 success 回调函数内的代码；如果选择失败，将执行 fail 回调函数并输出错误信息。

```
uni.uploadFile({
  url: 'http://api.jjcto.com/admin/image/upload',
  filePath: tempFilePath,
  name: 'file',
  formData: {
    'user': 'test'
  },
  success: function (uploadFileRes) {
    console.log('上传成功', uploadFileRes.data);
  },
  fail: function (e) {
    console.error('上传失败', e);
  }
});
```

选择图片成功后，执行 uni.uploadFile 方法将图片上传到服务器，具体参数如下。
- url：上传文件的服务器接口地址。
- filePath：需要上传文件的临时路径，这里使用的是上一步选择的图片路径。
- name：上传文件对应的名称，这里是 file。
- formData：额外的表单数据，这里包含一个键值对 { 'user': 'test' }，可以根据实际需求添加更多字段。

在上传成功后，将执行 success 回调函数并输出成功信息；如果上传失败，将执行 fail 回调函数并输出错误信息。

2. 文件下载

文件下载在离线数据存储和缓存场景中尤为重要。uni-app 提供了 downloadFile 接口，使下载文件变得非常简单。

以下是一个简单的文件下载示例。

```javascript
uni.downloadFile({
  url: ' https://www.jjcto.com/abc.pdf ',
  success: function (res) {
    // 下载成功后返回的临时文件路径
```

```javascript
    const tempFilePath = res.tempFilePath;
    console.log('下载成功', tempFilePath);
    // 保存到本地
    uni.saveFile({
      tempFilePath: tempFilePath,
      success: function (saveFileRes) {
        console.log('文件保存成功', saveFileRes.savedFilePath);
      },
      fail: function (e) {
        console.error('文件保存失败', e);
      }
    });
  },
  fail: function (e) {
    console.error('下载失败', e);
  }
});
```

在此示例中，通过 uni.downloadFile 下载指定 URL 的文件，并在下载成功后保存到本地。保存操作通过 uni.saveFile 完成，最终输出文件的保存路径。

3. 文件读取

在一些场景中，可能需要读取本地文件内容，如加载配置文件或解析文档数据。uni-app 的 getFileSystemManager 接口提供了文件系统管理能力，可以方便地读取本地文件。

以下是一个简单的文件读取示例。

```javascript
const fileSystemManager = uni.getFileSystemManager();

fileSystemManager.readFile({
  filePath: ' https://www.jjcto.com /file.txt',
  encoding: 'utf8',
  success: function (res) {
    console.log('文件内容', res.data);
  },
  fail: function (e) {
    console.error('读取文件失败', e);
  }
});
```

在这个示例中，首先通过 uni.getFileSystemManager 获取文件系统管理对象，然后使用 readFile 方法读取指定路径的文件内容，并在读取成功后打印文件内容。

4. 文件写入

有时需要在本地创建或更新文件。uni-app 提供了相关 API，使得文件写入操作同样简单易行。

以下是一个简单的文件写入示例。

```javascript
const fileSystemManager = uni.getFileSystemManager();
```

```
fileSystemManager.writeFile({
  filePath: ' https://www.jjcto.com /file.txt',
  data: 'Hello, uni-app!',
  encoding: 'utf8',
  success: function () {
    console.log('文件写入成功');
  },
  fail: function (e) {
    console.error('文件写入失败', e);
  }
});
```

在这个示例中,同样获取了文件系统管理对象,并通过 writeFile 方法将数据写入指定路径的文件。在写入成功后,打印成功信息。

5. 文件删除

在一些清理和维护操作中,可能需要删除不再使用的文件。同样,uni-app 提供了 unlink 方法用于文件删除。

以下是一个简单的文件删除示例。

```javascript
const fileSystemManager = uni.getFileSystemManager();

fileSystemManager.unlink({
  filePath: ' https://www.jjcto.com/ file.txt',
  success: function () {
    console.log('文件删除成功');
  },
  fail: function (e) {
    console.error('文件删除失败', e);
  }
});
```

【代码解析】

在这个示例中,通过 unlink 方法删除了指定路径的文件,并在删除成功后打印成功信息。

通过以上示例,可以看到 uni-app 提供了强大的文件处理功能,包括文件上传、下载、读取、写入和删除。无论是本地文件操作还是与服务器交互,uni-app 都能轻松应对。掌握这些 API,能够帮助开发者提升开发效率,应对各类文件处理需求。

2.9 定位服务

在现代移动应用开发中,地理位置服务已经成为不可或缺的一部分,它能为应用赋予更丰富的互动性和个性化服务,如地图导航、位置分享、天气预报等。uni-app 作为一个跨平台框架,在地理位置服务方面同样做得非常出色。通过其内置的地理位置 API,开发者可以轻松获取设备的当前地理位置,并为应用增添丰富的地理相关功能。接下来,本节将深入探讨 uni-app 的地理位置 API,

并通过具体的代码示例展示其强大的功能。

1. 基本使用

首先，通过一个简单的例子来说明如何使用 uni-app 的地理位置 API 获取当前设备的定位信息，示例代码如下。

```javascript
uni.getLocation({
  type: 'gcj02',
  success: (res) => {
    console.log('当前位置', res.latitude, res.longitude);
  },
  fail: (error) => {
    console.error('获取地理位置失败', error);
  }
});
```

在这个例子中，使用了 uni.getLocation API 获取设备的当前位置，主要参数如下。
- type: 'gcj02'：返回的地理坐标类型，目前支持 wgs84 和 gcj02。
- success: (res)=>{}：成功回调函数，参数 res 包含 latitude（纬度）和 longitude（经度）。
- fail: (error)=>{}：失败回调函数，当获取地理位置失败时调用，参数 error 包含错误信息。

上面的代码片段展示了如何简单地获取设备当前的经纬度信息，并将其打印到控制台。这只是基本使用方式，下一步将展示如何在应用中实际利用这些信息。

2. 显示实时位置

接下来通过一个更实际的例子来展示如何在应用中使用获取到的地理位置信息。假设要在地图上显示用户的当前位置，这需要结合地图组件和地理位置 API。

首先，需要在页面中添加地图组件，示例代码如下。

```html
<template>
  <view>
    <map :longitude="longitude" :latitude="latitude" :markers="markers" style="width: 100%; height: 350px;"></map>
  </view>
</template>
```

接下来，在 JavaScript 部分，使用地理位置 API 获取当前位置并更新地图。

```javascript
<script>
export default {
  data() {
    return {
      longitude: 0,
      latitude: 0,
      markers: []
    };
  },
```

```
  mounted() {
    this.getLocation();
  },
  methods: {
    getLocation() {
      uni.getLocation({
        type: 'gcj02',
        success: (res) => {
          this.longitude = res.longitude;
          this.latitude = res.latitude;
          this.markers = [{
            longitude: res.longitude,
            latitude: res.latitude,
            title: '当前位置'
          }];
        },
        fail: (error) => {
          console.error('获取地理位置失败', error);
        }
      });
    }
  }
};
</script>
```

上述代码实现了以下功能。

（1）页面加载时，通过 mounted 生命周期方法调用 getLocation 函数获取当前位置。

（2）getLocation 函数使用 uni.getLocation API 获取经纬度信息。

（3）成功获取经纬度后，更新 longitude 和 latitude 数据，以及 markers 数组，以便在地图上显示当前位置标记。

3. 定位更新

在某些应用场景中，如导航或实时位置共享，不仅需要获取一次地理位置，还需要不断更新位置。uni-app 的地理位置 API 同样支持这种需求。为了实现这个功能，可以使用 getLocation 的 isHighAccuracy 和 highAccuracyExpireTime 选项，并在特定时间间隔内重复获取位置，示例代码如下。

```javascript
uni.getLocation({
  type: 'gcj02',
  isHighAccuracy: true,
  highAccuracyExpireTime: 5000,
  success: (res) => {
    console.log('当前位置', res.latitude, res.longitude);
    // 更新位置
    this.updateLocation(res.latitude, res.longitude);
  },
  fail: (error) => {
    console.error('获取地理位置失败', error);
  }
});
```

在这个代码片段中增加了两个参数。
- isHighAccuracy: true，表示开启高精度定位模式。
- highAccuracyExpireTime: 5000，表示高精度定位的超时时间，单位为 ms。

为了持续更新地理位置信息，可以封装一个函数定期获取。

```javascript
methods: {
  startTrackingLocation() {
    this.locationInterval = setInterval(() => {
      this.getLocation();
    }, 5000); // 每5s获取一次位置
  },
  stopTrackingLocation() {
    clearInterval(this.locationInterval);
  },
  updateLocation(latitude, longitude) {
    this.longitude = longitude;
    this.latitude = latitude;
    this.markers = [{
      longitude: longitude,
      latitude: latitude,
      title: '实时位置'
    }];
  }
}
```

在这段代码中，定义了以下方法。
- startTrackingLocation：使用 setInterval 每隔 5s 调用 getLocation 函数。
- stopTrackingLocation：停止位置更新。
- updateLocation：更新地图上的位置标记。

uni-app 的地理位置 API 提供了简洁而灵活的接口，能够满足多种应用场景中的地理位置。通过上述示例，不仅看到了如何获取当前位置，还展示了如何在地图上显示位置、如何实现实时位置更新。借助 uni-app 强大的跨平台特性，开发者可以轻松地为应用程序添加地理位置功能，从而提升用户体验，实现更具互动性和实用性的应用服务。

2.10 消息通知

在本节中，将介绍如何在 uni-app 中使用消息通知 API，并通过具体示例代码展示其实战技巧和场景应用。

消息通知不仅是简单的信息传递，更是与用户进行互动的重要工具。通过消息通知，应用可以实现以下功能。

（1）提醒用户完成未完成的任务或操作。
（2）向用户推送应用内的重要更新或促销信息。
（3）提高用户参与度和回访率。

(4)增强用户对应用的黏性。

(5)提供即时的交互反馈。

1. 使用 uni.showModal 显示模态框

uni.showModal API 是 uni-app 中实现消息通知的常用方法之一。它能够在不打扰用户的情况下,通过弹出模态框的方式通知用户,并通过回调函数处理用户的操作。下面看一个具体案例,示例代码如下。

```javascript
uni.showModal({
  title: '通知',
  content: '你有一条新消息',
  success: (res) => {
    if (res.confirm) {
      console.log('用户点击确定');
    } else if (res.cancel) {
      console.log('用户点击取消');
    }
  },
  fail: (error) => {
    console.error('显示模态框失败', error);
  }
});
```

【代码解析】

在上述代码中,uni.showModal 方法接受一个对象作为参数,该对象定义了模态框的内容和一些可选的回调函数。

(1)title:模态框的标题,这里设置为"通知",以通知用户即将展示的信息类型。

(2)content:模态框的内容文本,这里显示"你有一条新消息",向用户传递具体的通知信息。

(3)success:当用户在模态框中选择某个操作时,这个回调函数被调用。通过判断 res.confirm 和 res.cancel 的状态,可以分别处理用户点击"确定"或"取消"按钮的情况。

(4)fail:如果模态框展示失败,该回调函数将被触发,便于进行错误处理和日志记录。

2. 使用场景示例

除了简单的通知,还可以在各种场景中使用模态框与用户进行交互。下面通过一些具体的业务场景来展示其应用。

1)场景一:提醒保存

当用户在编辑某些重要数据时,如果尝试离开当前页面,可以弹出模态框,以友好的方式提醒用户,让用户决定是否需要先保存数据。

```javascript
uni.showModal({
  title: '提示',
  content: '尚未保存的更改将会丢失。是否继续离开?',
  success: (res) => {
    if (res.confirm) {
      console.log('用户选择继续离开');
```

```
      uni.navigateBack();
    } else {
      console.log('用户选择不离开');
    }
  },
  fail: (error) => {
    console.error('显示模态框失败', error);
  }
});
```

在这段代码中,构建了一个带有提示性质的模态框,当用户尝试离开当前页面时给用户一个友好的提示,并让用户自己决定是否继续离开。

2)场景二:处理删除操作

对于一些重要操作,如删除数据,可以弹出模态框让用户确认,从而避免误操作带来的数据丢失风险。

```javascript
uni.showModal({
  title: '删除确认',
  content: '确定要删除这一项吗?此操作无法撤消。',
  success: (res) => {
    if (res.confirm) {
      // 实际的删除操作
      console.log('用户确认删除');
      // 调用删除接口
      deleteItem();
    } else {
      console.log('用户取消删除');
    }
  },
  fail: (error) => {
    console.error('显示模态框失败', error);
  }
});
function deleteItem() {
  uni.request({
    url: ' https://www.jjcto.com /deleteItem',
    method: 'POST',
    success: (response) => {
      if (response.statusCode === 200) {
        console.log('删除成功');
        uni.showToast({
          title: '删除成功',
          icon: 'success',
          duration: 2000
        });
      } else {
        console.log('删除失败');
        uni.showToast({
          title: '删除失败',
          icon: 'none',
```

```
      duration: 2000
    });
   }
  },
  fail: (error) => {
   console.error('删除请求失败', error);
   uni.showToast({
     title: '请求失败',
     icon: 'none',
     duration: 2000
   });
  }
 });
}
...
```

在这个示例中，展示了在删除操作前弹出确认对话框，在用户确认后才执行删除操作的流程。通过这种方式，避免了误操作导致的数据丢失，并在删除成功或失败时给用户即时反馈。

3）场景三：网络请求失败提示

在应用程序中，网络请求失败是一种常见场景。可以通过模态框通知用户请求失败的原因，并提示用户下一步的操作。

```javascript
function fetchData() {
 uni.request({
  url: ' https://www.jjcto.com/api',
  method: 'GET',
  success: (response) => {
    if (response.statusCode === 200) {
     console.log('数据获取成功', response.data);
     // 处理成功的数据
    } else {
     console.log('数据获取失败');
     showErrorModal('服务器错误，请稍后重试');
    }
  },
  fail: (error) => {
   console.error('请求失败', error);
   showErrorModal('网络错误，请检查你的网络连接');
  }
 });
}
function showErrorModal(message) {
 uni.showModal({
   title: '请求失败',
   content: message,
   showCancel: false,
   success: (res) => {
    if (res.confirm) {
     console.log('用户点击确定');
    }
   }
```

```
    });
}
```

【代码解析】

在这个示例中,当网络请求失败时,调用 showErrorModal 方法弹出模态框,向用户提示失败原因,并隐藏取消按钮,使用户在点击确定按钮后了解失败的信息,提高用户体验。

通过 uni-app 的消息通知 API,能够在应用中实现多种形式的消息通知,让用户在不被打扰的情况下及时获取重要信息。无论是提醒用户保存未完成的更改、确认删除操作,还是处理网络请求失败等场景,uni.showModal 都能帮助我们实现友好、直观的用户互动。

2.11 分享 API 详解

在当今的移动互联网时代,分享功能几乎成为每一个应用的标配。无论是社交、娱乐还是实用工具类的应用,用户总是喜欢把他们在应用中发现的新鲜事物、实用信息或欢乐时光分享给亲朋好友。为了满足这一需求,uni-app 提供了强大的分享 API,支持将应用内容分享到社交平台,如微信好友和微信朋友圈等。本节将详细介绍 uni-app 的分享 API,并通过完整的代码示例展示分享功能的实际实现。

在 uni-app 中,分享功能主要通过 uni.share 方法实现。该方法接受一个参数对象,该对象包含分享内容的详细信息和分享成功、失败的回调函数。

分享 API 的调用格式如下。

```javascript
uni.share({
    provider: '',  // 分享服务提供商,如 'weixin'
    scene: '',     // 分享场景,如 'WXSceneSession'、'WXSceneTimeline'
    type: '',      // 分享内容类型,如 'text'、'image'、'music'、'video'、'miniProgram'
    title: '',     // 分享内容的标题
    summary: '',   // 分享内容的摘要
    href: '',      // 分享内容的链接
    imageUrl: '',  // 分享内容的图片链接
    success: function (res) {
        // 分享成功的回调
        console.log('分享成功', res);
    },
    fail: function (err) {
        // 分享失败的回调
        console.log('分享失败', err);
    }
});
```

在实现分享功能之前,首先需要确保应用已配置好相关的分享服务提供商。以微信分享为例,需要在微信开放平台注册微信开发者账号,并获取相关的 AppID 和 AppSecret。此外,还需要在 uni-app 的 manifest.json 文件中配置微信分享信息。

manifest.json 配置示例如下。

```json
{
    "mp-weixin": {
        "appid": "your-app-id",
        "setting": {
            "sharing": true   // 开启微信分享功能
        }
    }
}
```

1. 实现分享功能的代码示例

下面通过一个具体示例，展示如何实现将应用内容分享给微信好友和分享到微信朋友圈的功能。

（1）在页面中添加一个按钮，用户单击该按钮时调用分享功能。

```html
<template>
   <view class="container">
      <button @click="shareToWeChat">分享给微信好友</button>
      <button @click="shareToTimeline">分享到微信朋友圈</button>
   </view>
</template>
```

（2）在对应的页面逻辑中，引入分享的方法并进行调用。

```javascript
<script>
export default {
   data() {
      return {}
   },
   methods: {
      /**
       * 分享给微信好友
       */
      shareToWeChat() {
         uni.share({
            provider: 'weixin',                // 分享服务提供商：微信
            scene: 'WXSceneSession',           // 分享场景：微信好友
            type: 0,                           // 分享类型：网页
            title: '这是一个分享标题',          // 分享标题
            summary: '这是分享摘要信息',        // 分享摘要
            href: 'https://www.jjcto.com/',   // 分享网页链接
            imageUrl: 'https://www.jjcto.com/logo.png', // 分享图片
            success: (res) => {
               console.log('分享成功', res);
            },
            fail: (err) => {
               console.log('分享失败', err);
            }
         });
      },
```

```
    /**
     * 分享到微信朋友圈
     */
    shareToTimeline() {
        uni.share({
            provider: 'weixin',              // 分享服务提供商：微信
            scene: 'WXSceneTimeline',        // 分享场景：微信朋友圈
            type: 0,                         // 分享类型：网页
            title: '这是一个分享标题',        // 分享标题
            summary: '这是分享摘要信息',      // 分享摘要
            href: 'https://www.jjcto.com/',  // 分享网页链接
            imageUrl: 'https://www.jjcto.com/logo.png', // 分享图片
            success: (res) => {
                console.log('分享成功', res);
            },
            fail: (err) => {
                console.log('分享失败', err);
            }
        });
    }
}
</script>
```

2. 分享的内容类型

uni-app 的分享功能支持多种类型的内容，包括文本（text）、图片（image）、音乐（music）、视频（video）以及小程序（miniProgram）。

分享图片的示例如下。

```javascript
uni.share({
    provider: 'weixin',
    scene: 'WXSceneSession',
    type: 'image',
    title: '这是一个分享图片的标题',
    imageUrl: 'https://www.jjcto.com/image.png',
    success: (res) => {
        console.log('分享成功', res);
    },
    fail: (err) => {
        console.log('分享失败', err);
    }
});
```

分享小程序的示例如下。

```javascript
uni.share({
    provider: 'weixin',
    scene: 'WXSceneSession',
    type: 'miniProgram',
```

```
        title: '这是一个分享小程序的标题',
        summary: '这是小程序的摘要信息',
        href: 'https://www.jjcto.com/',
        imageUrl: 'https://www.jjcto.com/logo.png',
        miniProgram: {
            id: '小程序ID',
            webUrl: 'https://www.jjcto.com/',
            path: '/pages/index/index'  // 小程序路径
        },
        success: (res) => {
            console.log('分享成功', res);
        },
        fail: (err) => {
            console.log('分享失败', err);
        }
});
```

分享功能的实现，让应用更具传播性和互动性。用户可以轻松地通过几次点击，将应用中的精彩内容分享给好友或传播到朋友圈，极大增强了应用的用户体验和社交属性。

2.12 动画API详解

在前端开发中，良好的用户体验是至关重要的。动画效果不仅可以提升用户的视觉体验，还能帮助用户更直观地理解应用的交互逻辑。uni-app 提供了强大的 uni.createAnimation API，使开发者可以轻松地为应用添加各种动画效果。本节将详细介绍如何使用 uni.createAnimation API 创建并应用动画效果，并提供一个完整的案例以供参考。

uni.createAnimation API 可以创建丰富的动画效果，帮助提升用户体验。通过设置动画的不同属性（如持续时间、缓动函数等），开发者可以定义具有多种效果的动画，然后将这些动画应用到界面元素之上。

以下是一段简单的示例代码，展示了如何使用 uni.createAnimation 创建一个动画效果。

```javascript
const animation = uni.createAnimation({
  duration: 1000,
  timingFunction: 'ease',
});
animation.translate(100, 100).rotate(45).step();
this.animationData = animation.export();
```

【代码解析】

这段代码创建了一个动画，该动画将某个元素在 1s 内平移到坐标(100, 100)并旋转 45°。timingFunction: 'ease'表示动画的缓动函数（即动画的速度变化曲线），step()方法用于完成当前步骤的动画，export()方法将其导出以便应用。

1. 动画属性详解

在创建动画时，可以设置多种属性来控制动画的行为。以下是 Animation 方法的可选属性。

(1) duration：动画的持续时间，单位为 ms。
(2) timingFunction：动画的缓动函数，常用的值有 linear、ease、ease-in、ease-out、ease-in-out 等。
(3) delay：动画的延迟时间，单位为 ms。
(4) transformOrigin：动画的变换起点，默认值为 "50% 50% 0"。

通过这些属性，开发者可以对动画进行十分灵活的配置。

2. 常用动画效果

1）位移动画

使用 translate 方法可以实现元素的位移效果，示例代码如下。

```javascript
animation.translate(50, 50).step();
```

该代码将元素平移至(50, 50)位置。

2）旋转动画

使用 rotate 方法可以实现元素的旋转效果，示例代码如下。

```javascript
animation.rotate(90).step();
```

该代码将元素顺时针旋转 90°。

3）缩放动画

使用 scale 方法可以实现元素的缩放效果，示例代码如下。

```javascript
animation.scale(2, 2).step();
```

该代码将元素在两个方向上缩放 2 倍。

4）透明度动画

使用 opacity 方法可以实现元素的透明度变化，示例代码如下。

```javascript
animation.opacity(0.5).step();
```

该代码将元素的透明度设置为 0.5。

3. 动画的应用与案例

下面通过一个完整案例演示如何创建并应用一个动画效果。假设有一个页面，用户点击按钮后，一个方块从页面左上角移动到右下角，并且一直旋转。页面包含一个动画元素（方块）和一个触发动画的按钮。

定义页面布局。这一步可以在 uni-app 项目的 index.vue 文件中完成，示例代码如下。

```html
<template>
  <view class="container">
    <button @click="startAnimation">Start Animation</button>
    <view :animation="animationData" class="box"></view>
```

```
    </view>
</template>

<script>
export default {
  data() {
    return {
      animationData: {}
    };
  },
  methods: {
    startAnimation() {
      const animation = uni.createAnimation({
        duration: 2000,
        timingFunction: 'ease-in-out',
      });
      animation.translate(300, 600).rotate(360).step();
      this.animationData = animation.export();
    },
  },
};
</script>
<style scoped>
.container {
  display: flex;
  flex-direction: column;
  justify-content: center;
  align-items: center;
  height: 100vh;
}
.box {
  width: 100px;
  height: 100px;
  background-color: red;
  margin-top: 20px;
}
</style>
```

【代码解析】

（1）template 部分定义了页面布局，包括一个按钮和一个方块（view 元素）。

（2）data 中定义了 animationData 用于存储动画数据。

（3）methods 中定义了 startAnimation 方法，当用户单击按钮时，这个方法被触发，创建并启动动画。

（4）startAnimation 方法使用 uni.createAnimation API 创建了一个动画，该动画将方块在 2s 内平移到(300, 600)并旋转 360°，然后将动画数据导出并赋值给 animationData。

（5）style 部分定义了基本的页面和方块样式，确保方块可以正常显示。

通过 Uni-app 的 uni.createAnimation API，我们可以轻松地在应用中实现各种动画效果，提升用户体验。本节详细介绍了 createAnimation API 的使用方法和属性配置，并提供了一个实际案例来演示如何创建并应用动画效果。通过这些知识，开发者可以根据自己的需求自定义并应用各种动画，增强应用的交互性和用户黏性。

第 3 章　uni-app 组件

在本章中,将深入探讨 uni-app 组件及其使用方法。首先,将介绍 easycom 组件模式,这种模式能够简化组件的引入流程,让开发者可以更高效地管理和使用组件。在了解 easycom 模式后,将分别讲解在 Vue2 和 Vue3 中的组件传值与事件调用机制。

对于 Vue2,将详细探讨组件之间的传值以及事件调用方式,包括父组件向子组件传递数据(正向传参)和子组件向父组件传递数据(逆向传参)的实现方式。我们将通过实例代码,展示如何有效地进行组件间的通信与数据处理。

随着 Vue3 的推出,组件传值与事件调用的机制也发生了一些变化。本章将带你认识这些变化,并通过具体案例展示如何在 Vue3 环境下实现父子组件之间的通信和数据传递。在这个过程中,也会探讨 Vue3 中的一些新特性和 API,例如组合式 API(composition API),并分析它们如何影响组件的使用和开发效率。

3.1　easycom 组件模式

uni-app 中的组件与 Vue 中的组件基本相同,但也存在一些区别。一个显著的区别就是在传统的 Vue 组件中,需要经过创建组件、引用组件、注册组件三个步骤才能使用,而在 uni-app 中,使用 easycom 组件模式能够将这些步骤简化为一步操作,直接引用即可。

那么,什么是 easycom 组件模式呢?

在 uni-app 中,只要组件的目录结构符合 components/组件名称/组件名称.vue 的形式,就能够直接在页面中使用这个组件,无须引用和注册过程。例如,创建一个名为 button 的组件,只需要按照规范将其放置在 components/button 目录下,就可以在页面中直接使用这个按钮组件,easycom 组件目录如图 3-1 所示。

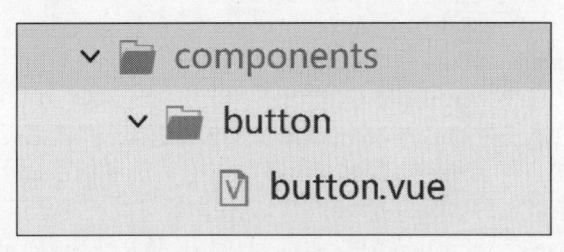

图 3-1　easycom 组件目录

下面让我们来看一个示例,演示如何使用 easycom 组件模式实现一个简单的计数器功能。首先,在 components 目录下创建 Counter/ Counter.vue 文件,代码如下。

```vue
<template>
  <view>
    <text @click ="increase">{{ count }}</text>
  </view>
</template>

<script>
  export default {
    data() {
      return {
        count: 0
      };
    },
    methods: {
      increase() {
        this.count++;
      }
    }
  };
</script>

<style>
  view {
    display: flex;
    justify-content: center;
    align-items: center;
    height: 100rpx;
    width: 200rpx;
    border: 1px solid #000;
    border-radius: 5rpx;
  }

  text {
    font-size: 36rpx;
    color: #333;
  }
</style>
```

接着，在页面中只需简单地引入 Counter 组件，就可以开始使用它了。

```vue
<template>
  <view>
    <Counter/>
  </view>
</template>
```

【代码解析】

以上代码展示了如何使用 easycom 组件模式在 uni-app 中实现一个简单的计数器功能。通过这种方式，能够更加便捷地使用组件，提高开发效率，让开发变得更加简单快捷。在实际开发中，利用 easycom 组件模式，可以更有效地组织和管理组件，提高项目的可维护性和可扩展性。

uni-app 的 easycom 组件模式为开发者提供了更便捷的开发体验，让我们可以更专注于业务逻辑和用户体验的实现，而不必过多纠结于组件的引入和注册。

3.2　Options API 组件传值及事件调用

在 uni-app 开发中，组件传值和事件调用是非常常见的操作。在本节将实现这样一个功能：在 components 目录下创建一个名为 t-button 的组件，该组件接收一个名为 type 的属性，并根据 type 属性值改变按钮颜色。同时，在首页中调用 t-button 组件，并在单击按钮时触发子组件事件。以下是具体的实现过程。

首先，在 components 目录下创建 t-button 组件，以下是 t-button.vue 文件的代码。

```vue
<template>
    <view>
        <button :class="type" @click="btnClickHandle"><slot></slot></button>
    </view>
</template>

<script>
    export default {
        name: "button",
        props: {
            type: {
                type: String,
                default: 'default'
            }
        },
        emits: ['onButtonClick'],
        data() {
            return {

            };
        },
        methods: {
            btnClickHandle() {
                this.$emit('onButtonClick');
            }
        }
    }
</script>

<style>
    .default {
        background-color: blue;
    }
    .test {
        background-color: orange;
```

```
        }
</style>
```

在上述代码中，定义了一个名为 t-button 的组件，该组件接收 type 属性，并根据不同的 type 值改变按钮的背景颜色。通过 emits 选项，声明一个名为 onButtonClick 的事件。当按钮被单击时，触发 btnClickHandle 方法，并通过$emit 触发 onButtonClick 事件。

接下来，在首页中调用 t-button 组件，并监听子组件的事件，以下是首页的代码示例。

```vue
<template>
    <view>
        <t-button type="test" @onButtonClick='onButtonClick'>123</t-button>
    </view>
</template>

<script>
    export default {
        methods: {
            onButtonClick() {
                console.log('触发子组件点击事件');
            }
        }
    }
</script>
```

【代码解析】

在首页代码中，使用了 t-button 组件，并设置了 type 属性值为 test。当按钮被单击时，触发 onButtonClick 方法，从而调用子组件的 onButtonClick 事件。在这个示例中，成功实现了通过组件传值和事件调用改变按钮颜色以及在子组件中触发事件的功能。

uni-app 的 Options API 提供了便捷的方式来管理组件的属性和事件，让开发者能够更灵活地定制组件行为。通过上述示例，我们展示了如何利用 Options API 实现组件传值和事件调用。

3.3　Composition API 组件传值及事件调用

在 uni-app 中，Composition API 已成为开发者喜欢使用的方式之一，其优雅的灵活性使得组件传值和事件调用变得更加简洁高效。本节将带你深入了解如何在 uni-app 中利用 Composition API 实现组件传值以及事件调用。

首先以一个具体的示例来说明。假设需要创建一个名为 s-button 的组件，该组件可以接收一个 type 属性，并根据 type 的值动态改变按钮的背景颜色。接下来，在首页中引入此组件，并在单击按钮时触发子组件的事件。

1．s-button 组件代码

首先，在 components 目录下新建一个 s-button.vue 文件，其完整代码如下。

```vue
<template>
  <view>
    <button :class="type" @click="btnClickHandle"><slot></slot></button>
  </view>
</template>

<script setup>
import { defineProps, defineEmits } from 'vue';

const props = defineProps({
  type: {
    type: String,
    default: 'default'
  }
});

const emit = defineEmits(['onBtnClick']);

const btnClickHandle = () => {
  emit('onBtnClick');
}
</script>

<style>
.default {
  background-color: blue;
}

.test {
  background-color: orange;
}
</style>
```

在上面的代码中，<script setup>是 Vue 3 的新特性，用于编写组件的逻辑部分。它通过 import 语句引入 define 和 defineEmits 函数。defineProps 用于定义组件属性，这里定义了一个为 type 的属性，为字符串，默认值为 default。defineEmits 用于定义组件的自定义事件，这里定义了一个名为 onBtnClick 的事件。

总体而言，这个代码实现了一个可定制样式的按钮，通过 type 属性控制按钮样式，并在单击按钮时触发 onBtnClick 事件。可以在组件中使用<slot>插入按钮内容，同时可以通过 CSS 定制按钮样式。

2. 首页代码

接下来，在首页中引入 s-button 组件，并触发 onBtnClick 事件，其完整代码如下。

```vue
<template>
  <view>
    <s-button type='test' @onBtnClick='onBtnClick'>setup</s-button>
  </view>
</template>
```

```
<script>
export default {
  data() {
    return {}
  },
  methods: {
    onBtnClick() {
      console.log('触发子组件点击事件');
    }
  }
}
</script>
```

【代码解析】

在首页代码中，引入了 s-button 组件，并传递了 type 属性值为 test。当单击按钮时，将触发 onBtnClick 方法，并在控制台输出"触发子组件点击事件"。

通过以上示例，展示了如何利用 Composition API 实现 uni-app 中的组件传值及事件调用。Composition API 的灵活性和方便性为开发者提供了更多可能性，使代码更加清晰、简洁、易于维护。

3.4 Composition API 正向传参

Vue3 正向传参在 uni-app 中的实现方式，是通过 Composition API 来实现页面数据传递的。在之前的章节中，我们学习了 Options API 页面数据传递的方法，而在本节中，我们将深入探讨 Composition API 在页面数据传递中的应用。通过一个具体示例来展示如何在 uni-app 中实现正向传参，使页面之间能够传递参数，以便实现更灵活的页面跳转和数据传递功能。

首先，我们查看一段示例代码，这段代码展示了如何在首页单击按钮跳转到详情页，并在跳转过程中携带参数。在首页的模板中创建了一个按钮，当单击这个按钮时触发 goToPage 方法进行页面跳转，示例代码如下。

```html
<template>
    <view>
        <button @click="goToPage">goToDetail</button>
    </view>
</template>

<script setup>
    const goToPage = () => {
        uni.navigateTo({
            url: '/pages/detail/detail?uname=xm&id=123'
        });
    }
</script>
```

在这段代码中，通过 uni.navigateTo 方法实现了页面跳转，并在跳转的 URL 中携带了参数

uname=xm 和 id=123。这样，在跳转到详情页时就会携带这些参数，以便在详情页中获取并使用这些参数。

接下来需要在详情页中接收这些参数。在详情页的模板中，展示了一个简单的页面布局。

```html
<template>
    <view>
        detail
    </view>
</template>

<script setup>
    import { onLoad } from '@dcloudio/uni-app';

    onLoad((options) => {
        console.log(options);
    });
</script>
```

在这段代码中，使用了 onLoad 函数监听页面加载时的事件，并在其中通过 options 参数获取传递过来的参数。通过 console.log（options）可以将接收到的参数打印出来，以便在控制台中查看。

需要注意的是，由于我们是使用 Composition API 来实现页面数据传递，因此在导入 onLoad 生命周期函数时，需要先导入相应的函数和模块，以确保功能的正常使用。

通过以上示例代码，我们演示了在 uni-app 中实现正向传参的方法，通过组合式 API 的方式，实现了首页跳转到详情页并携带参数的功能。这种方式使页面之间的数据传递变得更加灵活和方便，同时也为开发者提供了更多的设计和交互可能性。

3.5 eventChannel 正向传参

本节将介绍如何在 uni-app 中使用 eventChannel 实现正向传参，并在示例代码的基础上，带领读者深入理解 Vue3 正向传参的原理和实现方式。

1. 实现正向传参

在 uni-app 中实现正向传参的关键在于使用 eventChannel 建立页面之间的数据通信。下面以一个简单的例子来演示这一过程。

在首页中，通过单击按钮的方式跳转到详情页，并使用 eventChannel 传递参数，示例代码如下。

```html
<template>
    <view>
        <button @click="goToPage">goToDetail</button>
    </view>
</template>

<script setup>
```

```
  const goToPage = () => {
    uni.navigateTo({
      url: `/pages/detail/detail?uname='xm'&id=123`,
      success(res) {
        res.eventChannel.emit('accept', {
          msg: '传递给详情页的数据'
        })
      }
    })
  }
</script>
```

在这段代码中，通过 uni.navigateTo 方法跳转到详情页，并通过 res.eventChannel.emit 方法向详情页传递参数。

2. 详情页示例代码

在详情页中，我们接收从首页传递来的参数，并进行相应处理。

```html
<template>
    <view>
        detail
    </view>
</template>

<script setup>
    import { ref, getCurrentInstance } from 'vue'
    import { onLoad } from '@dcloudio/uni-app'

    const $this = ref(getCurrentInstance().proxy)

    onLoad((options) => {
        const eventChannel = $this.value.getOpenerEventChannel()
        eventChannel.on('accept', (value) => {
            console.log('首页传递过来的数据', value)
        })
    })
</script>
```

在这段代码中，通过 getCurrentInstance().proxy 获取当前页面实例，然后通过 eventChannel.on 方法监听从首页传递来的参数。通过这种方式，实现了正向传参的功能。

以上是一个简单的正向传参示例，在这个例子中，借助 uni-app 的 eventChannel 实现了首页向详情页传递参数的功能。在详情页中，需要显式地开启事件通道并监听传递来的参数。在 Vue3 中，由于取消了 this 的使用，需要通过 getCurrentInstance 获取当前页面实例。

3.6 eventChannel 逆向传参

本节将通过示例代码演示如何实现 eventChannel 逆向传参，让你轻松实现页面之间的数据传递。

假设有这样一个场景：用户从首页单击某个按钮进入详情页，然后在详情页设置一个返回按钮。当用户单击返回按钮回到首页时，将详情页中的数据传回首页。下面将通过示例代码逐步实现这个案例。

首先，让我们来看首页的示例代码。

```html
<template>
    <view>
        <button @click="goToPage">goToDetail</button>
    </view>
</template>

<script setup>
  const goToPage = () => {
      uni.navigateTo({
          url: `/pages/detail/detail`,
      })
  }
</script>
```

在首页页面代码中，通过一个按钮绑定了 goToPage 函数，用户单击该按钮后跳转到详情页。接下来，让我们看一下详情页的代码。

```html
<template>
    <view>
        <button @click="goBack">返回首页</button>
    </view>
</template>

<script setup>
    import { ref, getCurrentInstance } from 'vue'

    const $this = ref(getCurrentInstance().proxy)

    const goBack = () => {
        uni.navigateBack({
            delta: 1
        })
        const eventChannel = $this.value.getOpenerEventChannel()
        eventChannel.emit('accept', {
            msg: '详情页数据'
        })
    }
</script>
```

【代码解析】

上述代码实现了在返回按钮单击后返回上一页，并通过事件通道向打开当前页面的页面发送了一条自定义事件。

首先，它导入了 Vue 的 ref 和 getCurrentInstance 模块。

然后，定义了一个变量$this，它是一个响应式的数据引用（ref），值是 getCurrentInstance().proxy。getCurrentInstance 是 Vue 提供的一个方法，用于获取当前实例的引用。proxy 是获取实例的代理对象。

接下来，定义了一个名为 goBack 的箭头函数，用于处理返回按钮的单击事件。在函数内部，调用了 uni.navigateBack 方法，该方法用于跳转到上一页，参数对象中的 delta 表示返回的页面层数。

通过 $this.value.getOpenerEventChannel() 获取一个事件通道实例 eventChannel。getOpenerEventChannel 是 Vue 提供的方法，用于获取打开当前页面的页面的事件通道。

最后，通过 eventChannel.emit 方法，向打开当前页面的页面发送一个自定义事件（accept），并传递一个包含 msg 属性的对象，msg 的值是字符串"详情页数据"。这样，打开当前页面就可以在监听该事件时获取到这条消息。

让我们看一下首页如何监听详情页传递过来的数据。

```html
<script setup>
  const goToPage = () => {
      uni.navigateTo({
        url: `/pages/detail/detail`,
        events: {
            accept(value) {
                console.log('接收详情页数据', value)
            }
        }
      })
  }
</script>
```

【代码解析】

在首页的代码中，通过向 uni.navigateTo 方法的 events 属性传递一个对象来监听事件。当详情页通过 eventChannel 传递数据给首页时，可以在这里监听数据，并进行相应处理。

通过以上示例代码，实现了一个简单而又实用的功能——eventChannel 逆向传参，使页面之间的数据传递变得更加简单、方便。

3.7 组件的生命周期管理 Options API

本节将深入探讨组件在不同生命周期阶段的行为，以及如何在 Options API 中利用这些阶段来管理组件。我们将逐步了解并以示例说明如何在实际应用中有效运用这些生命周期钩子函数。

Vue 组件（包括 uni-app 组件）在其创建、更新和销毁过程中，经历了不同的生命周期阶段。每个阶段都有对应的生命周期钩子函数，支持开发者在适当的时机执行代码，这对优化应用性能、管理状态和实现逻辑非常有帮助。主要的生命周期钩子函数包括 created、mounted、updated、destroyed。

接下来，我们详细介绍每个钩子及其应用场景，并提供示例代码以帮助读者更好地理解这些钩子函数。

1. created 钩子函数

created 钩子函数在组件实例刚刚被创建后执行，此时组件的状态（data）和方法（methods）已经初始化完毕，但 DOM 尚未挂载，可以进行数据和方法的初始化动作，示例代码如下。

```js
export default {
  data() {
    return {
      message: 'Hello, World!'
    };
  },
  created() {
    console.log('Component instance is created. Message:', this.message);
    this.initializeSettings();
  },
  methods: {
    initializeSettings() {
      // Initialization logic here
      console.log('Settings initialized');
    }
  }
};
```

在 created 钩子函数中，可以执行如上的初始化操作，也可以在此处发起异步请求以获取数据。

2. mounted 钩子函数

mounted 钩子函数在组件挂载完成后立即调用，此时 DOM 已经生成，可以操作 DOM 元素，是进行 DOM 相关初始化的理想时机，示例代码如下。

```js
export default {
  data() {
    return {
      message: 'Hello, World!'
    };
  },
  mounted() {
    console.log('Component has been mounted to the DOM.');
    this.$nextTick(() => {
      this.initializeDOM();
    });
  },
  methods: {
    initializeDOM() {
      // DOM manipulation logic here
      const element = this.$refs.helloMessage;
      element.style.color = 'blue';
      console.log('DOM initialized');
    }
```

```js
  },
  template: `<div ref="helloMessage">{{ message }}</div>`
};
```

在这个例子中，在 mounted 钩子函数中使用了 $nextTick 确保在 DOM 元素完全呈现之后执行对 DOM 的操作。

3. updated 钩子函数

updated 钩子函数在组件的数据更新且 DOM 重新渲染之后调用。可以用来执行需要在每次渲染后重复的 DOM 操作，示例代码如下。

```js
export default {
  data() {
    return {
      counter: 0
    };
  },
  updated() {
    console.log('Component has been updated. Current counter:', this.counter);
    this.updateCounterDisplay();
  },
  methods: {
    updateCounterDisplay() {
      // Logic to update some part of the DOM
      const element = this.$refs.counterDisplay;
      element.style.fontSize = '24px';
      console.log('Updated counter display');
    }
  },
  template: `<div>
        <button @click="counter++">Increment</button>
        <div ref="counterDisplay">{{ counter }}</div>
      </div>`
};
```

每次 counter 更新，组件都会重新渲染，并调用 updated 钩子函数，确保 DOM 显示与状态同步。

4. destroyed 钩子函数

destroyed 钩子函数在组件即将销毁前调用，这时应该进行清理工作，如清除定时器、取消订阅、解除事件监听等，以防止内存泄漏，示例代码如下。

```js
export default {
  data() {
    return {
      timer: null
    };
  },
  created() {
    this.startTimer();
```

```
  },
  destroyed() {
    console.log('Component is about to be destroyed.');
    this.cleanupResources();
  },
  methods: {
    startTimer() {
      this.timer = setInterval(() => {
        console.log('Timer running...');
      }, 1000);
    },
    cleanupResources() {
      clearInterval(this.timer);
      console.log('Cleaned up resources');
    }
  }
};
```

【代码解析】

在 destroyed 钩子函数中，我们清理了定时器，防止组件销毁后定时器仍然运行，从而浪费资源。

掌握组件生命周期钩子函数不仅能使开发过程更加高效和有条理，也是性能优化和资源管理的关键。通过了解 created、mounted、updated 和 destroyed 钩子函数的应用场景，可以更有效地在开发 uni-app 应用时管理组件的状态与行为。

3.8　组件的生命周期管理 Composition API

在 3.7 节中，我们讲解了 Options API 中组件的生命周期，本节将讲解 Composition API 中组件常用的生命周期钩子函数。

在 uni-app 的 Composition API 中，使用一组新的方法管理这些钩子函数，这些方法让我们能够在特定的生命周期阶段执行代码。

（1）onMounted：当组件挂载到 DOM 上时调用。

（2）onUpdated：当组件更新时调用。

（3）onUnmounted：当组件销毁时调用。

1. 创建阶段

组件的创建阶段包括以下几个小阶段：初始化、渲染和挂载。这个阶段主要通过 onMounted 钩子函数进行操作，示例代码如下。

```javascript
import { onMounted, ref } from 'vue';
export default {
  setup() {
    const data = ref(null);
    onMounted(() => {
      console.log('组件已挂载');
```

```
    // 在此阶段进行初始化操作，例如 API 调用
    fetchData();
  });
  const fetchData = async () => {
    const response = await fetch('https://www.jjcto.com/data');
    data.value = await response.json();
  }
  return {
    data,
  };
  }
}
```

2. 更新阶段

在组件的更新阶段，通常使用 onUpdated 钩子函数处理某些副作用，例如操作 DOM 或更新视图，示例代码如下。

```javascript
import { onUpdated, ref } from 'vue';
export default {
  setup() {
    const count = ref(0);

    onUpdated(() => {
      console.log('组件已更新');
      // 可以在这里执行 DOM 更新后的操作
      updateUI();
    });
    const increment = () => {
      count.value++;
    };
    const updateUI = () => {
      // 假设这里有复杂的 UI 操作
      console.log('更新视图中的元素');
    };
    return {
      count,
      increment,
    };
  }
}
```

3. 销毁阶段

在组件的销毁阶段，使用 onUnmounted 钩子函数可以确保在组件从 DOM 中移除之前执行一些清理操作，如注销事件监听器、清除定时器等，示例代码如下。

```javascript
import { onUnmounted, ref } from 'vue';
export default {
  setup() {
```

```javascript
    const timer = ref(null);

    const startTimer = () => {
      timer.value = setInterval(() => {
        console.log('定时器运行中...');
      }, 1000);
    };
    const stopTimer = () => {
      clearInterval(timer.value);
      timer.value = null;
    };
    onUnmounted(() => {
      console.log('组件即将销毁');
      stopTimer();
    });
    return {
      startTimer,
      stopTimer,
    };
  }
}
```

为了更全面地理解这些生命周期钩子函数的使用，我们来看一个更综合的例子。假设开发一个消息提醒组件，在组件挂载时开始轮询后台消息，在更新消息列表时更新视图，在组件销毁时停止轮询。

```javascript
import { onMounted, onUpdated, onUnmounted, ref } from 'vue';
export default {
  setup() {
    const messages = ref([]);
    let pollInterval = null;

    const fetchMessages = async () => {
      const response = await fetch('https://api.jjcto.com/messages');
      messages.value = await response.json();
    };
    onMounted(() => {
      console.log('组件已挂载');
      // 初始化操作，开始轮询
      pollInterval = setInterval(fetchMessages, 5000);
      fetchMessages();
    });

    onUpdated(() => {
      console.log('组件已更新');
      // 假设这里存在更新后的 DOM 操作
      highlightNewMessages();
    });

    const highlightNewMessages = () => {
      console.log('高亮新消息');
```

```
    // 开始高亮 UI 中更新的消息
  };
  onUnmounted(() => {
    console.log('组件即将销毁');
    // 停止轮询
    clearInterval(pollInterval);
  });
  return {
    messages,
  };
 }
}
```

在这个例子中,通过 onMounted 开始轮询后台消息并进行初始数据传输,通过 onUpdated 进行视图中的 DOM 操作以更新界面,通过 onUnmounted 停止轮询并清理定时器资源。这种开发方式不仅使代码更加清晰明确,也确保了在每个生命周期阶段处理适当的逻辑。

通过理解和合理使用组件的生命周期钩子函数,可以极大地提升应用的稳定性和性能。开发者可以根据不同生命周期阶段的特点编写对应的操作,使代码结构更加清晰且易于维护。

3.9 组件间的插槽使用

在 uni-app 开发中,组件化是提高代码复用性和开发效率的重要手段。在组件化开发过程中,插槽(slot)是一个极其重要的概念。通过插槽,可以实现内容的灵活分发,使组件在复用时具有更高的灵活性。本节将详细介绍如何在 uni-app 组件中使用插槽,并分为默认插槽和具名插槽两种情况进行说明。

1. 插槽的基本概念

在开始具体代码示例之前,我们需要了解一些插槽的基本概念。
- 默认插槽:最基础的插槽类型,没有名称,适用于分发简单内容。
- 具名插槽:具有指定名称的插槽,便于在同一个组件中分发多个不同的内容区域。

1) 默认插槽的使用

首先来看一个默认插槽的简单示例。假设我们有一个通用的卡片组件,通过插槽的方式支持外部组件插入不同的内容,示例代码如下。

(1) Card.vue 文件。

```html
<template>
  <view class="card">
    <view class="card-header">Default Header</view>
    <view class="card-content">
      <slot></slot>  <!--这是默认插槽-->
    </view>
    <view class="card-footer">Default Footer</view>
  </view>
```

```
</template>
```

在使用卡片组件时,可以灵活地传入不同内容而不用修改 Card.vue 文件本身,示例代码如下。

(2) ParentComponent.vue 文件。

```html
<template>
  <view>
    <Card>
      <view>这是第一个插入的内容</view>
    </Card>
    <Card>
      <view>这是第二个插入的内容</view>
    </Card>
  </view>
</template>
```

【代码解析】

通过这种方式,可以看到两个不同的内容分别渲染在各自的卡片组件中。这实现了默认插槽的内容分发,使组件的使用更加灵活。

2) 具名插槽的使用

具名插槽能够在同一个组件中分发多个内容区域。例如,构建一个更复杂的卡片组件,这个卡片组件上除了内容区域外,还有头部和尾部区域,示例代码如下。

(1) ComplexCard.vue 文件。

```html
<template>
  <view class="card">
    <view class="card-header">
      <slot name="header">默认头部内容</slot> <!--具名插槽-->
    </view>
    <view class="card-content">
      <slot>默认内容区域</slot> <!--默认插槽-->
    </view>
    <view class="card-footer">
      <slot name="footer">默认尾部内容</slot> <!--具名插槽-->
    </view>
  </view>
</template>
```

在使用具名插槽时,需要显式地在使用组件时注明插入的内容对应哪个插槽,示例代码如下。

(2) ParentComponentWithNamedSlot.vue 文件。

```html
<template>
  <view>
    <ComplexCard>
      <template v-slot:header>
        <view>自定义头部内容</view>
      </template>
```

```
      <view>自定义内容区域</view>
      <template v-slot:footer>
        <view>自定义尾部内容</view>
      </template>
    </ComplexCard>
    <!-- 使用具名插槽简写 -->
    <ComplexCard>
      <template #header>
        <view>自定义头部 2</view>
      </template>
      <view>自定义内容区域 2</view>
      <template #footer>
        <view>自定义尾部 2</view>
      </template>
    </ComplexCard>
  </view>
</template>
```

在上述代码中，使用了 v-slot 指令向具名插槽传递内容，对于默认插槽，内容直接写在 ComplexCard 中即可。使用具名插槽时，可以通过 v-slot:slotname 方式或其简写形式#slotname 来进行内容部件的标注。

2．插槽的处理方法

了解了插槽的基本用法后，还需要注意以下几种常见情况。

（1）插槽默认内容：当子组件未提供插槽内容时，将显示插槽定义中的默认内容。

（2）作用域插槽：作用域插槽支持父组件使用子组件中传递的数据，这是插槽功能的扩展，能实现更多元化的应用场景。

作用域插槽的简单示例如下。

假设有一个列表组件 ItemList.vue，每个列表项的生成依赖于外部的数据源，示例代码如下。

（1）ItemList.vue 文件。

```html
<template>
  <view>
    <slot v-for="(item, index) in items"
:item="item" :index="index" :key="index">
      <view>{{ item }}</view>
    </slot>
  </view>
</template>

<script>
export default {
  props: {
    items: {
      type: Array,
      default: () => []
    }
  }
}
```

（2）ParentComponentScopeSlot.vue 文件。

```html
<template>
  <view>
    <ItemList :items="dataList">
      <template v-slot:default="{ item, index }">
        <view>{{ index + 1 }}. {{ item }}</view>
      </template>
    </ItemList>
  </view>
</template>
<script>
import ItemList from './ItemList.vue';  // 导入列表组件
export default {
  components: {
    ItemList
  },
  data() {
    return {
      dataList: ["西瓜", "葡萄", "橙子"]
    }
  }
}
</script>
```

【代码解析】

通过作用域插槽，可以在父组件中使用子组件传递的数据，从而更灵活地进行内容渲染。

综上所述，插槽是 uni-app 组件中非常强大的功能，可以大幅提高组件的复用性和灵活性。希望通过本节的学习，能更好地掌握插槽的使用技巧，并在实际项目中充分利用插槽特性来优化组件设计。

第 4 章　项 目 简 介

在这一章中，我们将深入探讨一个完整的 uni-app 项目——在线教育及考试系统的各个组成部分。首先，提供一个全局性的介绍，让你快速了解项目的总体框架和目标。接着，细化到各种具体模块，包括首页的设计与功能组件、考试模块的架构与交互方式、个人中心模块的业务逻辑。通过这些简单的说明，你将全面了解项目的各个关键环节，并学会如何将它们有机结合，以打造一个高效、流畅的应用。最后，我们将展示项目的最终成果，并提供详细的效果图，让你直观地感受项目的实际运行效果。通过本章的学习，你将获得一个完整的项目视角，为后续开发打下坚实的基础。

4.1　项目全局介绍

在这个信息化和数字化无处不在的时代，构建一个功能丰富、用户体验优越的应用程序已成为各类项目的重要目标。本节将详细介绍一个基于 uni-app 的示范项目的全局概貌，展示其丰富多彩的模块设计及功能实现。这个项目不仅适用于各种终端设备，而且通过模块化的设计极大地提升了用户的交互体验和操作便捷性。

1. 项目首页

打开应用的首页，立即呈现给用户的是一个布局合理、兼具美感和功能性的界面。首页的设计力求用户体验至上，确保用户在第一时间能够直观地找到所需信息。

（1）轮播图模块：首页顶部有一个动态的轮播图媒体模块，可以展示最新活动、热门课程及重要公告等信息，通过使用滑动切换图片的形式，不仅节省屏幕空间，还能吸引用户的注意力。

（2）导航模块：导航模块位于轮播图下方，通过快捷按钮引导用户快速访问不同功能板块。这个模块经过精心设计，确保用户可以快速找到感兴趣的内容，如课程列表、考试入口和个人中心等。

（3）拼团模块：对于希望通过团购获得更优惠价格的用户，拼团模块是一个极为重要的模块。用户可以在此查看当前开放的拼团活动和参与情况，并可邀请好友一同参与，以促成拼团成功。

（4）最新课程模块：这里呈现了最新发布的培训课程，使用户能够在第一时间了解并加入感兴趣的课程学习。

（5）优惠券模块：优惠券模块为用户提供了激励参与的平台，展示当前可领取和即将过期的优惠券信息。用户可以在此模块中领取适用课程的优惠券，以降低学习成本。

（6）广告模块：为了商业变现，广告模块安排需要合理且不影响用户体验。通过精美的图片和生动的文字广告，这一模块能够有效吸引用户单击，增加广告转化率。

2. 考试模块

考试模块是项目中的核心功能之一，设计时力求贴合用户的使用需求，确保用户的学习成果得到充分检验。

（1）考试列表：进入考试模块，首先是精心排列的考试列表。根据用户的学习进度和课程安排，系统将自动排序展示即将到来的考试和过往已完成试卷。

（2）试卷状态查看：用户可以通过该功能一目了然地查看每份试卷的状态。对已完成的试卷，系统会标注"已考完"，对于尚未完成的试卷，则显示"待考试"，让用户合理安排考试时间。

（3）考试详情页：单击进入某场考试的详细信息页，用户能够浏览考试范围、考试时间及注意事项，并在此开始答题。详细页面通过直观的界面设计，帮助用户专注答题。

（4）题目答题与切换：考试过程中，用户可以在题目间自由切换，通过单击或滑动的方式迅速浏览所有题目，并进行相应解答。每道题均附有明确的说明和丰富的选项，用户可以轻松操作。

（5）交卷功能：完成答题后，用户可以随时选择交卷。系统将提示用户确认交卷，并对漏答题进行提醒，确保用户在完整答题后正式交卷，保证答题质量。

3. 个人中心模块

个人中心模块作为用户与应用交互的重要枢纽，汇集了用户账号相关的各类功能，让用户在使用过程中获得全方位的服务保障。

（1）查看订单功能：在个人中心中，用户可以轻松查阅自己的订单状态和历史订单记录。每一笔订单信息都详细陈列，包括订单号、商品名称、金额及订单状态，方便用户进行订单管理。

（2）查看我的帖子功能：这个功能模块为用户提供了一个社区空间，用户可以在此浏览自己发布的所有帖子。无论是问题求助还是经验分享，都能通过这个模块进行高效查看和管理。

（3）修改密码功能：用户的账号安全至关重要，因此系统特别设计了修改密码功能。用户可以通过旧密码验证后设定新密码，从而大大提高账号的安全性和可靠性。

（4）修改个人资料功能：用户可以在此模块中更新自己的个人信息，包括昵称、头像、联系方式等。通过人性化的设计，用户只需几步操作即可完成个人资料的更新，使账号信息随时保持最新。

（5）绑定手机号功能：为了进一步提升安全性和便于找回密码，系统设有绑定手机号的选项。用户可通过验证码确认，绑定自己的手机号，以便在忘记密码时用手机快速找回。

（6）查看我领取的优惠券功能：该功能模块记录了用户所有已领取的优惠券，并对其有效期和适用范围进行详细说明。用户可以查看并使用这些优惠券，在购买课程时享受更多的折扣优惠。

（7）退出登录功能：为了保障个人隐私，用户完成所有操作后，可以通过该功能安全退出当前账号。系统将进行二次确认，确保用户意愿明确，防止误操作带来的不便。

这个 uni-app 项目从多个层面为用户提供了完善的功能和卓越的体验。通过首页的多样化模块展示、考试模块的全面功能实现以及个人中心模块的细致服务，确保用户的每一次操作都能获得最优的体验。该设计兼顾用户需求和商业价值，为用户打造了一个一站式的学习和生活平台。

4.2 项目成果展示

在本节将全方位展示项目的前端界面和核心功能。通过详细的效果图和说明，你将全面了解这个项目的细节和特色。

1. 首页

首先，我们来看一下项目的首页设计，如图 4-1 所示。

首页是用户进入应用时的第一个接触点，因此需特别注重其视觉效果和用户体验。简洁但富有吸引力的界面设计，搭配直观的导航功能，能够有效吸引用户并引导他们了解更多内容。

2. "考试列表"页面

接下来是"考试列表"页面，如图 4-2 所示。

图 4-1　项目首页效果图　　　　图 4-2　"考试列表"页面

此页面展示了所有可参加的考试，用户可以轻松浏览、查找并选择感兴趣的考试。每个考试项目信息清晰，便于用户快速获取所需信息。

3. 考试详情

在选择某个考试进入详情页后，用户将看到丰富的考试信息，包括各项考试大纲。考试详情如图 4-3 所示，这个页面设计简洁明了，信息展示细致有序，增强了用户的体验感。

4. 个人中心

个人中心是用户管理个人信息的主要界面。这里涵盖了用户的各种信息及设置选项，方便用户查看和修改自己的资料。整体设计以用户为主，简化了操作流程，提升了使用便利性，如图 4-4 所示。

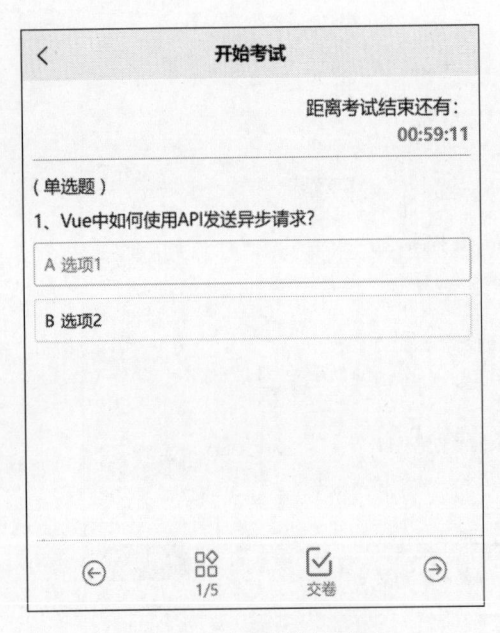

图 4-3　考试详情效果图 　　　　图 4-4　个人中心效果图

5. "我的订单"页面

"我的订单"页面展示了用户的所有订单信息，如图 4-5 所示。

在这里用户可以查看每个订单的详细信息，包括订单状态、付款详情等，帮助用户及时了解和管理自己的订单。

6. "我的帖子"页面

在"我的帖子"页面，用户可以查看自己在论坛中发布的所有帖子。这一界面便于用户管理和查看他们的发言记录，提高了账号管理的便利性，如图 4-6 所示。

图 4-5 "我的订单"页面

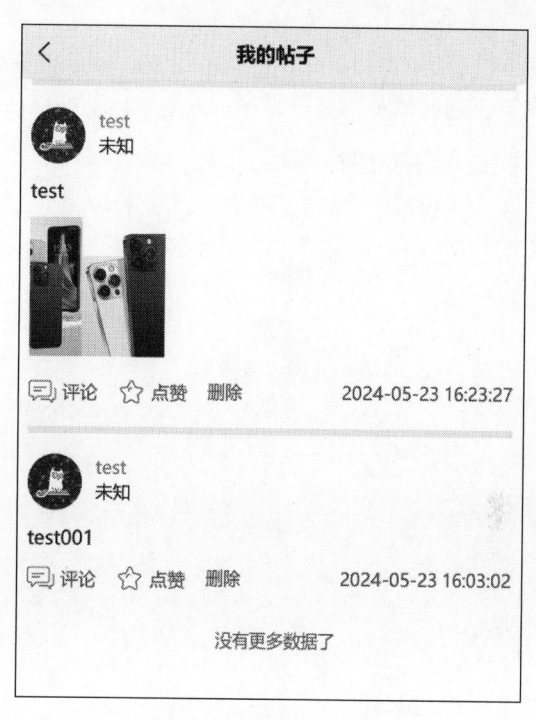

图 4-6 "我的帖子"页面

7. "修改密码"页面

安全性是用户最为关注的问题之一，因此设计了简易且安全的"修改密码"页面，如图 4-7 所示。

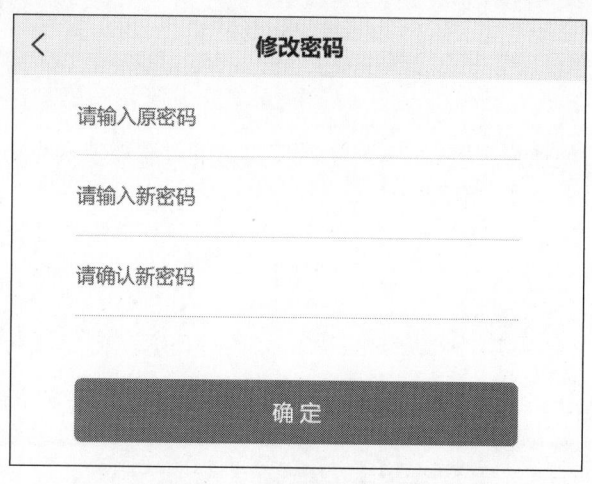

图 4-7 "修改密码"页面

通过这一界面，用户可以方便地修改密码，保障账户的安全性。

8. "修改资料"页面

"修改资料"页面是用户更新个人信息的重要途径。在这一页面中，用户可以轻松编辑并保存自己的各种个人信息，有效提高信息管理的便捷性，如图4-8所示。

9. 优惠券列表

为了让用户享受更多的优惠和福利，设计了优惠券列表功能，"我的优惠券"页面如图4-9所示。

图4-8 "修改资料"页面

图4-9 "我的优惠券"页面

用户可以在这里查看自己所有的优惠券。

10. "搜索"页面

"搜索"页面是用户快速找到所需信息的重要工具。通过智能搜索算法，确保用户能够快速检索所需内容。其设计简洁直观，操作友好，"搜索"页面如图4-10所示。

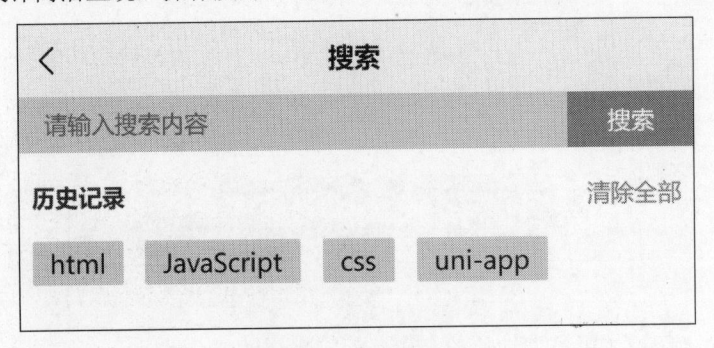

图4-10 "搜索"页面

11. "论坛"页面

"论坛"页面是用户交流互动的主要空间（见图 4-11）。在这里，用户可以发帖、参与讨论，增强了社区感。界面设计尽量简洁但功能齐全，旨在提升用户的互动体验。

12. "电子书列表"页面

最后，我们来看"电子书列表"页面，如图 4-12 所示。

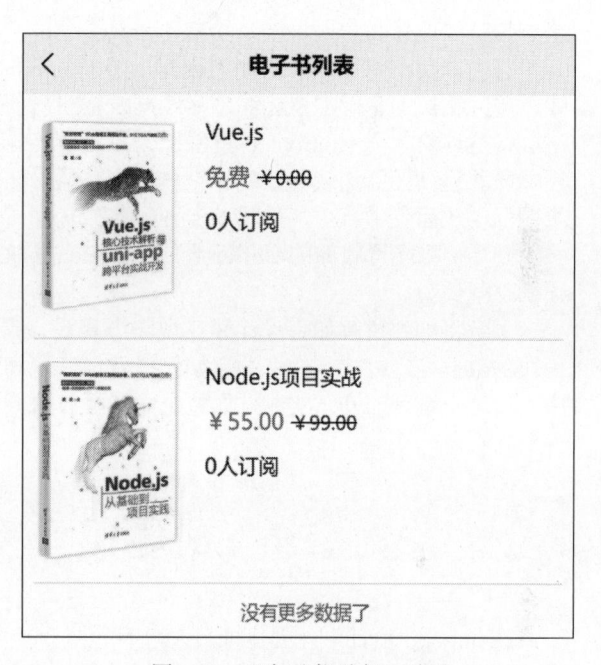

图 4-11 "论坛"页面

图 4-12 "电子书列表"页面

在这里，用户可以查看购买的电子书资源。界面设计既美观又实用，界面简洁清晰，让用户能轻松找到他们需要的资源。

通过本节的全面展示，相信你已经对我们的项目有了更深入的了解。每一个界面和功能都是经过精心设计和优化的，旨在为用户提供极致的使用体验。这不仅是一个应用程序，更是我们对用户体验的不懈追求和用心表达。

第 5 章　项目首页开发

在本章中，我们将深入探讨项目首页开发的关键步骤，从最基础的项目创建到复杂的首页设计，全方位带你理解和掌握每一个环节。

首先，我们将详细讲解如何创建一个新的 uni-app 项目，并进行项目全局配置。这一步至关重要，因为扎实的基础配置能够为后续开发提供顺畅的体验和高度的可维护性。

接着，将引入 iconfont 阿里巴巴矢量图标库。iconfont 不仅可以为项目增添丰富的视觉效果，还能显著提高图标加载的效率和整体用户体验。在这个环节，你将学习如何快速引入并灵活使用矢量图标，从而使项目更加美观和专业。

随后，将配置底部的 tabBar 导航。tabBar 导航是应用程序的重要组成部分，能够极大地提升用户的交互体验。

本章将细致讲解如何设计和实现一个直观、流畅且美观的底部导航系统。此外，还包含了各个模块的数据处理方式。你将学习如何高效地获取和渲染数据，使之能动态且准确地展示在各个模块中。通过一系列的开发实践，你将全面掌握首页开发的方法，最终打造一个功能丰富、用户体验出色的首页。

5.1　创建项目及项目全局配置

在 uni-app 项目中，创建项目及项目全局配置是开发过程中至关重要的一环。本节将带领大家完成创建项目以及配置全局样式和动画效果的步骤

首先，打开 HBuilder X 开发工具，开始创建一个新项目。单击菜单中的"文件"→"新建"→"新建项目"，然后填写项目名称并选择项目目录，单击"确认"即可轻松创建一个新项目。

接下来，创建并引入项目的全局样式。在项目的 static 目录下新建一个 css 目录，在这个目录下创建一个名为 style.css 的文件，作为项目的全局样式文件。全局样式的统一设置将有助于项目整体风格的一致性。

打开 App.vue 文件，引入之前创建的全局样式文件，示例代码如下。

```vue
<script>
export default {
    onLaunch: function () {
        console.log('App Launch')
    },
    onShow: function () {
        console.log('App Show')
    },
```

```
        onHide: function() {
            console.log('App Hide')
        }
    }
</script>

<style>
@import 'static/css/style.css';
/*每个页面公共 css */
body{
    margin: 0;
    padding: 0;
}
</style>
```

通过以上代码，引入全局样式文件 style.css，确保项目中所有页面都能统一应用这些样式。

在项目开发过程中，动画效果的运用也是不可或缺的一部分。为了方便使用常见的动画效果，引入 animate.min.css 动画库。可以通过网络直接下载这个动画库，或者到课件源码中获取。

将下载的 animate.min.css 文件保存到 css 目录，在 App.vue 文件中进行全局引入，示例代码如下：

```css
@import 'static/css/animate.min.css';
```

现在，我们来看看如何在项目中应用这个动画库，下面是一个简单的示例代码。

```vue
<template>
    <view class="animate__animated animate__backInRight">
        动画效果展示
    </view>
</template>
```

在这段代码中，animate__animated 是一个必需的类名，而 animate__backInRight 则是具体的动画效果类名。可以根据需要选择不同的动画效果类名，让页面元素展示更加生动和动感。

通过以上步骤，完成了项目的创建以及全局配置的设置。在 uni-app 的开发过程中，合理的项目结构和全局配置将大大提升开发效率，并优化用户体验。

5.2　引用阿里巴巴矢量图标库

在项目开发过程中，矢量图标库是不可或缺的素材之一。本节将详细讲解如何在 uni-app 项目中引用阿里巴巴矢量图标库，让应用更加个性化。

首先，进入阿里巴巴矢量图标库的官方网站（地址为 https://www.iconfont.cn/）。

注册并登录账号后，可以在首页搜索框中输入所需图标的关键词，例如搜索"首页"，找到符合需求的图标后，只需单击"加入购物车"按钮。

图标添加入库的操作如图 5-1 所示。

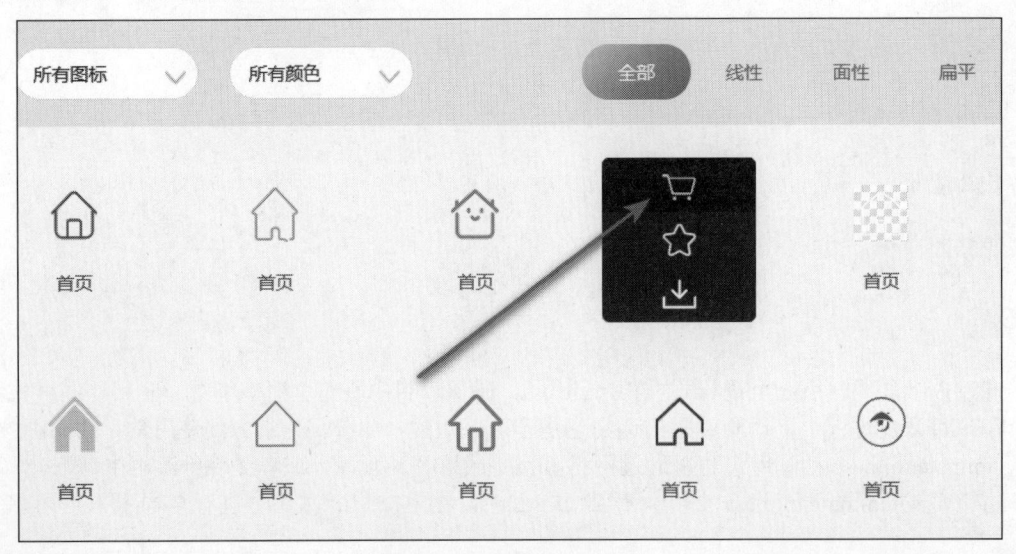

图 5-1 图标添加入库

随后，单击"添加至项目"，如果还没有项目，可以单击加号创建新项目。

在资源管理"我的项目"下，可以找到刚刚添加的素材。

接下来，介绍如何在项目中应用这些素材。

首先，单击"下载到本地"按钮，解压文件后得到两个文件：iconfont.css 和 iconfont.ttf，并将这两个文件复制到项目的 static 目录下。

然后，打开 iconfont.css 文件，只需保留 ttf 引用，删除 woff 的应用部分，示例代码如下。

```css
@font-face {
  font-family: "iconfont"; /* 项目 ID 4502598 */
  src: url('iconfont.ttf?t=1712748591402') format('truetype');
}
```

随后，在 App.vue 中全局引用 iconfont.css，示例代码如下。

```vue
<style>
  @import 'static/iconfont.css';
</style>
```

最后，就可以在页面中使用这些图标了。例如，要在页面中使用"首页"图标，示例代码如下。

```vue
<template>
  <view>
    <text class="iconfont icon-shequ"></text>
  </view>
```

```
</template>
```

在上面的代码中，iconfont 是必需的类，而 icon-shequ 是图标的名称。

通过以上步骤，引用了阿里巴巴矢量图标库中的图标，并将它们应用到 uni-app 项目中，这将使你的应用更加丰富多彩，增加用户体验的个性化。

5.3 配置底部 tabBar 导航

在 uni-app 开发中，底部 tabBar 导航是非常常见且实用的功能，通过合理配置可以为用户提供更流畅、直观的页面切换体验。在本节将重点介绍如何配置底部 tabBar 导航。

首先，在开始配置底部 tabBar 导航前，需要做一些准备工作。在项目的 static 目录下新建一个 tabbar 目录，用于存放底部导航所需的图片资源。接着，在 pages 目录下新建一个 tabbar 目录，用于存放相关页面。在本项目中，我们将创建三个页面，分别对应底部导航栏的"首页"、"考试"和"我的"。

接下来，需要在 pages.json 文件中进行配置，示例代码如下：

```json
{
    "pages": [
        {
            "path": "pages/tabbar/index/index",
            "style": {
                "navigationBarTitleText": "uni-app"
            }
        },
        {
            "path": "pages/tabbar/test/test",
            "style": {
                "navigationBarTitleText": "",
                "enablePullDownRefresh": false
            }
        },
        {
            "path": "pages/tabbar/center/center",
            "style": {
                "navigationBarTitleText": "",
                "enablePullDownRefresh": false
            }
        }
    ],
    "globalStyle": {
        "navigationBarTextStyle": "black",
        "navigationBarTitleText": "uni-app",
        "navigationBarBackgroundColor": "#F8F8F8",
        "backgroundColor": "#F8F8F8"
    },
    "tabBar": {
```

```
            "color": "#2c2c2c",
            "selectedColor": "#409eff",
            "borderStyle": "black",
            "list": [
                {
                    "iconPath": "static/tabbar/home.png",
                    "selectedIconPath": "static/tabbar/test-ok.png",
                    "text": "首页",
                    "pagePath": "pages/tabbar/index/index"
                },
                {
                    "iconPath": "static/tabbar/test.png",
                    "selectedIconPath": "static/tabbar/home-ok.png",
                    "text": "考试",
                    "pagePath": "pages/tabbar/test/test"
                },
                {
                    "iconPath": "static/tabbar/center.png",
                    "selectedIconPath": "static/tabbar/center-ok.png",
                    "text": "我的",
                    "pagePath": "pages/tabbar/center/center"
                }
            ]
        },
    "uniIdRouter": {}
}
```

【代码解析】

在以上示例代码中,首先通过 pages 数组配置了应用的页面信息,包括页面路径和样式设置。接着在 globalStyle 中设置了全局样式,包括导航栏的文字颜色、背景色等。最重要的是在 tabBar 中配置了底部导航栏的样式和具体内容,包括颜色、选中颜色、边框样式以及底部菜单的图标路径、文字内容和对应的页面路径。

通过以上配置,实现了底部 tabBar 导航的开发。用户可以通过单击不同的底部菜单实现页面之间的切换。

5.4 首页轮播图模块

在本节中,我们将重点介绍 uni-app 中的轮播图模块,通过 swiper 组件的运用,轻松打造精美的首页轮播图展示效果。

首先,需要在 index.vue 文件中准备数据,模拟从服务器端获取的轮播图数据,示例代码如下。

```vue
<script>
export default {
```

```
    data() {
        return {
            swiper: [
                {
                    src: '../../../static/banner01.jpg'
                },
                {
                    src: '../../../static/banner02.jpg'
                }
            ]
        }
    },
}
</script>
```

在上述代码中,定义了一个名为 swiper 的数组,数组中包含轮播图的数据对象。这里使用 uni-app 的静态资源路径来引用图片,确保图片资源能够正确展示在轮播图中。

接下来,在视图层使用 swiper 组件,并通过 v-for 指令循环遍历轮播图图片数据。

```vue
<template>
    <view>
        <swiper indicator-dots :autoplay="true" interval="3000" circular>
            <swiper-item v-for="(item, index) in swiper" :key="index">
                <image :src="item.src" mode="aspectFill"></image>
            </swiper-item>
        </swiper>
    </view>
</template>
```

【代码解析】

在上述代码中,使用 uni-app 提供的 swiper 组件,并结合 v-for 循环将每张轮播图数据绑定到 swiper-item 中。同时,通过设置 indicator-dots、autoplay、interval、circular 等属性,可以实现自动播放、轮播间隔时间等功能,使轮播图更加灵活多样。

此外,为了确保轮播图的正常显示,需根据图片实际高度设置 swiper 组件的高度。根据需求调整 swiper 组件的高度样式,保证轮播图能够完整展示。

最后,通过简单的样式设置让轮播图水平居中显示,示例代码如下。

```vue
<style>
.sitem {
    display: flex;
    justify-content: center;
}
</style>
```

在本节中,我们学习了如何在 uni-app 中实现轮播图模块。通过使用 swiper 组件、绑定数据、设置样式等操作,轻松创建一个功能强大的首页轮播图效果。

5.5　首页导航模块

本节将实现首页中导航模块的开发，并将导航模块独立封装为一个组件，以提高代码的可复用性和可维护性。首页导航效果图如图 5-2 所示。

图 5-2　首页导航效果图

首先，在 components 目录下新建一个名为 index-nav 的组件，用于展示首页导航模块。接着，在首页中直接引用 index-nav 组件，示例代码如下。

```html
<index-nav :list="iconList"></index-nav>
```

注意，引用组件的同时需要给子组件传递数据。在该组件中，通过 list 属性来传递数据，其中 iconList 是在数据层定义的导航数据，数据格式如下。

```javascript
data() {
    return {
        iconList: [
            {
                uname: '搜索',
                usrc: '/static/icon/search.png'
            },
            {
                uname: '考试',
                usrc: '../../../static/icon/test.png'
            },
            // 其他导航项...
        ]
    }
}
```

接下来，在 index-nav 组件中接收数据并将其渲染到视图层，示例代码如下。

```vue
<template>
    <view class="nav">
        <view v-for="(item, i) in list" :key="i" class="nav-item">
            <image :src="item.usrc" mode="aspectFill" class="uimg"></image>
            <text>{{ item.uname }}</text>
        </view>
```

```
        </view>
</template>

<script>
export default {
    name: "index-nav",
    props: {
        list: {
            type: Array
        }
    }
}
</script>

<style>
.nav {
    display: flex;
    flex-wrap: wrap;
    margin-top: 20rpx;
}
.nav-item {
    width: 25%;
    display: flex;
    flex-direction: column;
    justify-content: center;
    align-items: center;
    padding-top: 24rpx;
}
.uimg {
    width: 70rpx;
    height: 70rpx;
    margin-bottom: 15rpx;
}
</style>
```

【代码解析】

<template>部分定义了组件的模板，内部包含了一个 v-for 循环遍历 list 数组中的每个元素。循环中的每个元素显示为一个 view 元素，类名为 nav-item，包含一张 image 图片和一个 text 文本显示元素。图片的路径根据 item.usrc 绑定，文本内容为 item.uname。

<script>部分接收一个名为 list 的属性，类型为数组类型。这个属性在模板中使用，用来传入数据源。

<style>部分定义了组件的样式。.nav 类定义了导航部分的整体样式，设置为 flex 布局，并且支持换行，上边距为 20rpx。.nav-item 类定义了每个导航项的样式，宽度为容器的 25%，并且垂直居中显示，上边距为 24rpx。.uimg 类定义了图片元素的样式，宽高均为 70rpx，下边距为 15rpx。

通过以上代码，完成了首页导航模块的开发，实现了将导航模块单独封装成一个可复用的组件，且具有良好的可维护性。

5.6 首页拼团模块样式开发

本节将详细讲解如何在首页中实现拼团模块的样式布局，并使其支持左右滑动。我们将使用 uni-app 官方提供的 scroll-view 组件来实现这一功能。

首先，将拼团列表的样式单独抽离成一个名为 index-list 的组件，使得该组件在其他模块中也可以重复使用。在视图层的代码中通过以下方式实现。

```html
<scroll-view scroll-x='true' class="scroll-row content">
    <index-list v-for="item in groupList" :key="item.id" :item='item'></index-list>
</scroll-view>
```

在上述代码中，将滚动项抽离成 index-list 组件，并通过 v-for 循环遍历 groupList 拼团数组，将数据通过 item 属性传递给子组件 index-list。

接下来，让我们来看一下数据层的模拟数据，示例代码如下。

```javascript
export default {
    data() {
        return {
            groupList: [{
                "group_id": 1,
                "id": 1,
                "title": "uni-app 开发",
                "cover": "/static/banner01.jpg",
                "price": "10.00",
                "t_price": "20.00",
                "type": "media",
                "start_time": "2024-03-15T16:00:00.000Z",
                "end_time": "2023-04-16T16:00:00.000Z"
            },
            {
                "group_id": 1,
                "id": 2,
                "title": "uni-app 开发",
                "cover": "/static/banner02.jpg",
                "price": "10.00",
                "t_price": "20.00",
                "type": "audio",
                "start_time": "2024-03-15T16:00:00.000Z",
                "end_time": "2023-04-16T16:00:00.000Z"
            }]
        }
    }
}
```

在 index-list 组件中，接收父组件传递过来的数据，并将其渲染到视图层中，示例代码如下。

```html
<template>
    <view class="scroll-row-item main">
        <view style="padding-top: 30rpx;">
            <image :src="item.cover" mode="widthFix" style="width: 280rpx;"></image>
        </view>
        <view class="">
            <view class="h1">{{item.title}}</view>
            <view class="h2">
                <text>￥{{item.price}}</text>
                <text>￥{{item.t_price}}</text>
            </view>
            <view class="h3">
                <text></text>
                <text>{{formatType(item.type)}}</text>
            </view>
        </view>
    </view>
</template>

<script>
let opt={
    media:'图文',
    audio:'音频',
    video:'视频',
    column:'专栏'
}
export default {
    name: "index-list",
    props:{
        item:{
            type:Object
        }
    },
    data() {
        return {
            formatType(data){
                return opt[data]
            }

        };
    }
}
</script>
```

【代码解析】

在上述代码中，定义了一个 formatType 方法，用于将传递过来的英文 type 属性转换成中文展示。

拼团模块样式开发不仅仅是为了美观，更重要的是为用户提供良好的体验。通过上述示例代码，实现了支持左右滑动的拼团模块，并展示了拼团商品的标题、价格等信息。通过组件化的方式，可以轻松重复利用这一模块，提高开发效率。

5.7 首页最新课程模块样式开发

本节将重点讲解如何实现最新课程模块的样式开发，同时借鉴拼团模块的布局方式，实现左右滑动效果。为了提高开发效率，我们将利用 index-list 组件来实现最新课程模块，减少代码冗余。

首先，需要注意到最新课程模块和拼团模块之间的布局几乎是一样的，都需要实现左右滑动功能。因此，可以复用 index-list 组件作为这两个模块的基础组件。然而，最新课程模块又有一些微小的区别，例如新增了一个课程简介属性。为了处理这个差异，需进行一些判断，即在最新课程模块中显示课程简介，而在拼团模块中则隐藏课程简介。

接下来，让我们来看一下实现最新课程模块样式的代码示例。

```html
<view class="content" style="display: flex; justify-content: space-between;">
    <text style="font-weight: bold;">最新课程</text>
    <text style="font-size: 24rpx;">更多</text>
</view>
<scroll-view scroll-x='true' class="scroll-row content">
    <index-list v-for="item in groupList" :key="item.id" :item='item' type='newlist'>
    </index-list>
</scroll-view>
```

在上述代码中，引入了一个新的属性 type，并设置为 newlist，用于判断是否显示课程简介。

接着，打开 index-list 组件，示例代码如下。

```html
<template>
    <view class="scroll-row-item main">
        <view style="padding-top: 30rpx;">
            <image :src="item.cover" mode="widthFix" style="width: 280rpx;"></image>
        </view>
        <view class="">
            <view class="h1">{{item.title}}</view>
            <view class="h2">
                <text>¥{{item.price}}</text>
                <text>¥{{item.t_price}}</text>
            </view>
            <view class="h3">
                <text v-if="type=='newlist'" class='h3one'>课程简介课程简介</text>
                <text class="h3span">{{formatType(item.type)}}</text>
            </view>
```

```
            </view>
        </view>
</template>

<script>
let opt={
    media:'图文',
    audio:'音频',
    video:'视频',
    column:'专栏'
}
export default {
    name: "index-list",
    //接收参数
    props:{
        item:{
            type:Object
        },
        type:{
            type:String,
            default:'default'
        }
    },
    data() {
        return {
            formatType(data){
                return opt[data]
            }
        };
    }
}
</script>
```

在 index-list 组件中，引入了 formatType 方法来根据不同的 type 返回对应的课程类型。并且通过接收 type 属性，当 type 属性为 newlist 时，显示课程简介。

通过以上的代码示例，实现了最新课程模块的样式开发，并且兼顾了与拼团模块的区别。通过合理地使用组件化和属性传递，提高了代码的复用性和开发效率。

5.8　首页优惠券模块样式开发

在项目开发中，优惠券模块是一个非常常见的功能，如何设计吸引人的优惠券样式，给用户更好的体验是每一个开发者都要考虑的问题。本节将重点讲解首页中优惠券模块的样式开发，并通过代码示例展示如何实现优惠券的样式设计。

优惠券模块的效果图如图 5-3 所示。

图 5-3 优惠券模块效果图

首先，直接查看视图层代码，以下代码将展示如何开发优惠券样式。

```vue
<view class="content">
    <view class="yhq" v-for="item in 3" >
        <view class="">
            <text style="display: block; padding-bottom: 20rpx;">立减</text>
            <text style="font-size: 40rpx;">￥</text>
            <text style="font-size: 50rpx;">100</text>
        </view>
        <view class="">
            <text style="font-size: 30rpx;">满￥200 可用</text>
            <text class="spanone">立即领取</text>
        </view>
    </view>
</view>
```

以上代码通过 v-for 循环遍历 3 张优惠券，展示了每张优惠券的具体样式和内容。此外，优惠券的样式设计也是至关重要的，以下是相关的 CSS 样式代码。

```css
<style>
    .yhq {
        background-color: #F7A701;
        margin-top: 30rpx;
        padding: 30rpx;
        color: #fff;
        display: flex;
        border-top-left-radius: 40rpx;
        border-bottom-right-radius: 40rpx;
    }

    .yhq > view:nth-child(1){
```

```
        border-right: 1px dashed #fff;
        width: 160rpx;
    }

    .yhq > view:nth-child(2){
        flex: 1;
        display: flex;
        align-items: center;
        justify-content: center;
        flex-direction: column;
    }

    .spanone {
        background: #fff;
        color: #F7A701;
        padding-left: 30rpx;
        padding-right: 30rpx;
        margin-top: 15rpx;
        padding-top: 5rpx;
        padding-bottom: 5rpx;
        border-radius: 10rpx;
    }
</style>
```

【代码解析】

通过以上 CSS 样式代码，为优惠券模块定义了具体样式，包括背景色、边距、字体颜色等，使得整体布局更加美观、易读。

精心设计的优惠券样式不仅可以吸引用户，还可以提升用户体验，让用户更愿意参与活动、领取优惠券。

5.9　封装网络请求

在 uni-app 开发中，网络请求是一个至关重要的环节，而封装网络请求则更是提高开发效率和代码复用性的利器。在已经实现首页样式布局的基础上，本节将重点介绍如何封装网络请求，包括请求拦截器和响应拦截器的实现。

在 uni-app 核心语法中，我们已经学习了如何使用 uni.request 方法发送网络请求，在实际项目中，通常将一些公用的属性和逻辑封装到请求拦截器中，这样能够统一处理请求参数、请求头等，提高代码的可维护性。

首先，我们来看一下如何封装请求拦截器和响应拦截器。在 services 文件夹下创建一个 request.js 文件，用于统一管理网络请求相关的代码，示例代码如下。

```javascript
// 定义基础 url
const baseUrl = 'http://unitest.jjcto.com:8096/';

// 请求拦截器
```

```
uni.addInterceptor('request', {
  invoke(args) {
    args.url = baseUrl + args.url;          // 添加 baseUrl
    args.header = args.header || {};        // 确保 headers 存在且是一个对象
    args.header['appid'] = '123456';        // 添加 appid 到请求头信息
    return args;
  }
});

// 封装 get 方法
export const get = (url, data = {}) => {
    return new Promise((resolve, reject) => {
        uni.request({
            url: url,
            data: data,
            method: 'GET',
            success(res) {
                resolve(res)
            },
            fail(err) {
                reject(err)
            }
        })
    })
}

// 封装 post 方法
export const post = (url, data = {}) => {
    return new Promise((resolve, reject) => {
        uni.request({
            url: url,
            data: data,
            method: 'POST',
            success(res) {
                resolve(res)
            },
            fail(err) {
                reject(err)
            }
        })
    })
}```
```

【代码解析】

（1）上述代码定义了一个基础 URL: baseUrl, 用于存储接口请求的基础地址。

（2）使用 uni.addInterceptor 函数分别添加了请求拦截器。请求拦截器用于在每次请求前对请求进行处理，如将基础 URL 拼接到请求的 URL 中，并添加特定的请求头信息（这里是 appid）。响应拦截器用于在每次响应返回后对响应进行处理。

（3）封装了 get 和 post 函数，用于发起 GET 和 POST 请求。这两个函数返回一个 Promise 对象，在请求成功时调用 resolve 方法，请求失败时调用 reject 方法。

在请求拦截器中，可以设置一些默认的请求参数、请求头。这样在实际调用网络请求时，只需

关注业务逻辑，而不需要重复编写网络请求的相关代码。

接下来，在 services 下新建 api 目录，再新建 index.js 文件，定义请求方法，示例代码如下。

```javascript
import {get} from '../request.js'

export const getData=(url)=>{
    return get(url)
}
```

最后，在首页文件中调用方法，获取服务器端数据，示例代码如下。

```javascript
import { getData } from '../../../services/api/index.js';

export default {
    created() {
        getData('mobile/index').then(res => {
            console.log(res);
        });
    },
};
```

通过以上示例代码，可以看出在页面中调用网络请求方法非常简单，只需传入相关参数和处理逻辑即可，而不需要重复编写网络请求的代码，res 就是服务器端返回的数据。

在实际项目开发中，封装网络请求是一个非常常见的需求，能够提高开发效率，降低代码的耦合度，同时也能够更好地管理和维护项目代码。

5.10 首页数据交互

在本节中，我们将实现首页轮播图模块、导航模块、最新课程模块以及图片广告模块的数据交互。通过这些实例，展示如何在 uni-app 中进行数据的获取、保存和渲染，以更好地理解 uni-app 的数据交互机制。

在上一节中，我们已经在首页中通过 getData() 方法获取了服务器端返回的数据，本节将介绍如何保存数据，并将其渲染到视图层。

首先，在 data 中定义变量以接收数据，示例代码如下。

```javascript
data() {
 return {
    // 服务器返回的所有数据
    indexData: [],
    // 轮播图数据
    swiperData: [],
    // 导航菜单数据
    iconsData:[],
```

```
    // 最新课程数据
    newListData:[],
    // 图片广告数据
    imageAd:{}
  }
}
```

接着，在 created 生命周期函数中，调用 getData 方法获取服务器端返回的数据，并进行保存和数据提取，示例代码如下。

```javascript
created() {
  getData('mobile/index').then(res => {
    console.log(res);
    this.indexData = res;
    this.swiperData = res[1].data;
    this.iconsData = res[2].data;
    this.newListData = res[5].data;
    this.imageAd = res[6];
  })
}
```

注意，由于服务器端返回的数据可能较多，我们只提取了轮播图模块数据、导航模块数据、最新课程模块数据以及图片广告模块数据。

最后，将服务器端返回的数据渲染到视图层。通过以下示例代码，你将了解如何在 uni-app 中实现这一步骤。

```vue
<template>
  <view>
    <!-- 轮播图模块 -->
    <swiper :indicator-dots="true" :autoplay="true" :interval="3000" :duration="1000" style="height: 400rpx;">
      <swiper-item class="sitem" v-for="(item, i) in swiperData" :key="i">
        <image :src="item.src" mode="aspectFill" style="width: 720rpx;"></image>
      </swiper-item>
    </swiper>
    <!-- 导航模块 -->
    <index-nav :list='iconsData'></index-nav>

    <!-- 最新课程模块 -->
    <view class="content" style="display: flex; justify-content: space-between;">
      <text style="font-weight: bold;">最新课程</text>
      <text style="font-size: 24rpx;">更多</text>
    </view>
    <scroll-view scroll-x='true' class="scroll-row content">
      <index-list v-for="item in newListData" :key="item.id" :item='item' type='newlist'></index-list>
    </scroll-view>
    <view class="xian"></view>
    <!-- 广告图片模块 -->
```

```
  <view class="content">
    <image :src="imageAd.data" mode="widthFix" style="width: 100%; margin-top: 30rpx;">
</image>
  </view>
  <view class="" style="margin-top: 30rpx;"></view>
</view>
</template>
```

通过以上代码，能够实现首页轮播图模块、导航模块、最新课程模块以及图片广告模块的数据交互与渲染，在项目中展现丰富多彩的内容。

5.11 首页拼团模块数据交互

在本节将实现首页拼团模块的数据交互，通过 API 获取拼团相关信息，并将其展示在首页上。拼团模块 API 信息如下。

- 请求地址：mobile/group?page=1&usable=1。
- 请求方式：GET。
- 请求 query 参数如下。
  - page：页码（必填）。
  - usable：是否可用，1 为可用（非必填）。

返回示例如下。

```json
{
"data": {
"count": 5,
"rows": [
{
"group_id": 1,
"id": 1,
"title": "uni-app 实战",
"cover": "http://...png",
"price": "1.00",
"t_price": "10.00",
"type": "media",
"start_time": "2024-03-15T16:00:00.000Z",
"end_time": "2024-04-15T16:00:00.000Z"
}
// 更多数据...
]
}
}
```

实现步骤如下。

（1）打开 api 目录下的 index.js，根据接口文档定义请求方式，示例代码如下。

```javascript
export const getIndexGroupData = (url, params) => {
    return api.get(url, params);
}
```

（2）返回 index.vue 首页文件，引用方法并进行调用，示例代码如下。

```javascript
import { getIndexGroupData } from '../../../services/api/index.js';

export default {
    data() {
        return {
            // 其他数据...
            // 拼团数据
            groupData: []
        }
    },
    created() {
        // 获取首页拼团数据
        getIndexGroupData('mobile/group', { page: 1, usable: 1 }).then(res => {
            console.log(res);
            this.groupData = res.rows;
        });
    }
}
```

【代码解析】

在上述代码中，首先在 data 中定义了一个名为 groupData 的空数组，用于存储服务器返回的拼团数据。在 created 生命周期函数中调用 getIndexGroupData() 方法来获取服务器端返回的数据，最终将获取的数据渲染到视图层上。

最后，通过如下示例代码将数据渲染到视图中。

```html
<scroll-view scroll-x='true' class="scroll-row content">
    <index-list v-for="item in groupData" :key="item.id" :item='item'></index-list>
</scroll-view>
```

通过上述代码，可以实现首页中拼团模块数据的交互和展示，使用户能够快速查看最新的拼团信息。

5.12　首页优惠券模块数据交互

在本节中，将实现首页优惠券模块的数据交互，通过 API 从服务器端获取优惠券相关信息，并将其展示在项目首页上，以便用户能够及时获取优惠信息。

优惠券模块 API 信息如下。

- 请求地址：mobile/coupon。
- 请求方式：GET。
- 请求参数：无。

返回示例如下。

```json
{
    "data": [{
        "c_num": 10000,
        "end_time": "2024-10-16 16:00:00.000Z",
        "goods_id": 1,
        "id": 1,
        "isgetcoupon": false,
        "price": "9.90",
        "received_num": 11,
        "start_time": "2023-09-19 16:00:00.000Z",
        "type": "column",
        "value": { "id": 184, "title": 'uni-app 实战 ' }
        // ...
    }],
}
```

1. 发送请求方法

在 api 目录下的 index.js 中，定义发送请求的方法，示例代码如下。

```javascript
export const getCouponData = (url) => {
    return api.get(url);
}
```

2. 获取优惠券数据并渲染到页面

在首页文件 index.vue 中，引入 getCouponData()方法，并进行调用，示例代码如下。

```html
<script>
    import { getCouponData } from '../../../services/api/index.js';

    export default {
        data() {
            return {
                //优惠券数据
                couponData: []
            }
        },
        created() {
            //获取优惠券
            getCouponData('mobile/coupon').then(res => {
                console.log(res);
                this.couponData = res;
            });
```

```
        }
    }
</script>
```

【代码解析】

（1）在 data 中定义 couponData，用于接收服务器返回的优惠券数据。

（2）在 created 生命周期函数中调用 getCouponData()方法获取服务器端数据，并将获取的数据赋值 couponData 变量。

（3）最后，将获取的服务器端数据渲染到视图层。

3. 页面渲染优惠券数据

在页面中按照以下方式渲染服务器返回的优惠券数据。

```html
<view class="content">
    <view class="yhq" v-for="item in couponData" :key="item.id">
        <view>
            <text style="display: block; padding-bottom: 20rpx;">立减</text>
            <text style="font-size: 40rpx;">¥</text>
            <text style="font-size: 50rpx;">{{ item.price }}</text>
        </view>
        <view>
            <text >{{ item.value.title }}</text>
            <text class="spanone">立即领取</text>
        </view>
    </view>
</view>
```

在上述代码中，使用 v-for 指令遍历 couponData 数组，展示每个优惠券的价格和标题，成功实现了首页中优惠券模块的数据交互。

第 6 章　登录与注册

本章将深入探讨如何在 uni-app 项目中实现高效的登录与注册功能。这一部分内容至关重要，可为整个应用的用户管理提供坚实的基础。

首先，从用户体验的角度出发，设计并开发美观、易于使用的登录和注册模块样式。这包括按钮、输入框、错误提示信息等 UI 元素的设计和实现。

接下来，深入探讨注册数据交互的实现。从用户在注册过程中的数据输入，到后台数据的验证和存储，详细剖析每一步的原理和实现方法，以实现用户注册的全过程。

为了更好地管理应用状态，我们将引导你配置 Vuex 仓库。你将学会如何使用 Vuex 来存储和管理用户的登录状态，并在应用的不同页面之间方便地共享这些状态数据。

最后，讲解 API 请求方法的定义，学习如何定义和封装 API 请求，确保数据交互的可靠性和安全性。

通过这一章的学习，你将掌握一整套完整的登录注册系统的开发技能，为项目打下坚实的基础。

6.1　登录与注册模块样式开发

本节将实现登录与注册模块的样式开发，在 uni-app 项目中，首先需要在 pages 目录下新建一个名为 login 的页面，通过一个页面实现登录和注册的切换。

接下来，让我们看一下"登录"和"注册"页面的效果图，效果图分别如图 6-1 和图 6-2 所示。

图 6-1　"登录"页面效果图　　　　　　　图 6-2　"注册"页面效果图

从图 6-1 和图 6-2 可以发现,"登录"和"注册"这两个页面基本一致,因此我们通过一个页面实现登录和注册的切换,视图层示例代码如下。

```vue
<template>
    <view class="content" style="width: 580rpx !important;">
        <view class="title">
            {{type=='login'?'登录':'注册'}}
        </view>
        <view class="login">
            <input type="text" value="" placeholder="请输入用户名" />
            <input type="text" value="" placeholder="请输入密码" />
            <input type="text" value="" placeholder="请输入确认密码" v-if="type=='register'" />
        </view>
        <view class="loginBtn">
            {{type=='login'?'登录':'注册'}}
        </view>
        <view class="loginFooter">
            <text>忘记密码</text>
            <text>|</text>
            <text @click="changeType">{{type=='login'?'注册账号':'去登录'}}</text>
        </view>
    </view>
</template>
```

在以上代码中,通过 type 属性来判断当前是展示登录信息还是注册信息,当 type 为 login 时显示登录信息,当 type 为 register 时显示注册信息。通过 changeType()方法可以动态改变 type 属性的值,实现登录和注册的切换。

数据层示例代码如下。

```javascript
<script>
    export default {
        data() {
            return {
                type: 'login'
            }
        },
        methods: {
            changeType(){
                this.type = this.type == 'login' ? 'register' : 'login';
            }
        }
    }
</script>
```

在上述代码中,定义了一个名为 type 的数据属性,初始值为 login,同时编写了 changeType 方法用于改变 type,实现登录和注册页面的切换功能。

最后,查看一下样式层的代码示例。

```css
```

```
<style>
    .title {
        font-size: 46rpx;
        color: #409eff;
        text-align: center;
        padding-top: 150rpx;
        padding-bottom: 100rpx;
    }

    .login > input {
        height: 50rpx;
        border-bottom: 1px solid #dbdbdb;
        font-size: 26rpx;
        margin-top: 30rpx;
    }

    .loginBtn {
        background-color: #409eff;
        text-align: center;
        color: #fff;
        margin-top: 80rpx;
        line-height: 80rpx;
        border-radius: 10rpx;
    }

    .loginFooter {
        font-size: 26rpx;
        padding-top: 30rpx;
        text-align: center;
    }

    .loginFooter > text:nth-child(2){
        padding-left: 30rpx;
        padding-right: 30rpx;
    }

    .loginFooter > text:nth-child(3){
        color: #409eff;
    }
</style>
```

在以上 CSS 代码中，定义了页面中的标题样式、输入框样式、登录按钮样式以及底部文字样式，通过合理的样式设计能够让页面看起来更加美观和易用。

通过上述代码实现了登录注册模块样式开发。

6.2 实现注册功能

在本节中，将讲解如何实现注册功能的前后端交互。注册功能是许多应用程序中必不可少的一环,通过这一节的学习,你将能够掌握如何通过 uni-app 实现用户注册功能。

注册功能的 API 文档说明如下。
- 请求 URL 地址:mobile/reg。
- 请求方式:POST 请求。
- 注册 API 的请求参数如下。
  - username:示例值为 test01,参数类型为 String,必填,表示账号。
  - password:示例值为 123456,参数类型为 String,必填,表示密码。
  - repassword:示例值为 123456,参数类型为 String,必填,表示确认密码。

响应示例代码如下。

```json
{
    "avatar": "",
    "created_time": "2024-04-15T10:42:28.515Z",
    "desc": "",
    "nickname": "",
    "sex": "未知",
    "status": 1,
    "updated_time": "2024-04-15T10:42:28.515Z",
    "username": "test0002"
}
```

接下来,将在 api 目录下创建一个新的模块 user.js,示例代码如下。

```javascript
import api from '../request03.js';
// 注册账号
export const registerFn = (url, data) => {
    return api.post(url, data);
}
```

然后,在 login.vue 文件中引入 registerFn()方法,示例代码如下。

```javascript
import { registerFn } from '../../services/api/user.js';
```

注册页面的视图层代码如下。

```vue
<view class="login">
    <input type="text" value="" placeholder="请输入用户名" v-model="regData.username" />
    <input type="text" value="" placeholder="请输入密码" v-model="regData.password" />
    <input type="text" value="" placeholder=" 请输入确认密码 " v-if="type=='register'" v-model="regData.repassword" />
</view>
<view class="loginBtn" @click="submitOk">
    {{ type=='login' ? '登录' : '注册' }}
</view>
```

在以上代码中，使用了双向绑定数据源 v-model，并且给按钮绑定了 submitOk 单击事件。

数据层代码如下。

```javascript
<script>
import { registerFn } from '../../services/api/user.js';

export default {
    data() {
        return {
            type: 'login',
            regData: {
                username: '',
                password: '',
                repassword: ''
            }
        }
    },
    methods: {
        changeType() {
            this.type = this.type == 'login' ? 'register' : 'login';
        },
        resetReg() {
            this.regData = {
                username: '',
                password: '',
                repassword: ''
            }
        },
        async submitOk() {
            if (this.type == 'register') {
                uni.showLoading({
                    title: '注册中...',
                    mask: false
                });
                const res = await registerFn('mobile/reg', this.regData);
                uni.hideLoading();
                console.log(res);
                uni.showToast({
                    title: '注册成功',
                    icon: 'none'
                });
                this.resetReg();
                this.changeType();
            }
        }
    }
}
</script>
```

【代码解析】

上述代码包含一个名为 type 的 data 属性，一个名为 regData 的 data 属性对象，以及三个方法：

changeType、resetReg 和 submitOk。
- type 的初始值为 login，表示当前页面类型为登录页面。
- regData 对象包含了注册表单的字段值：username、password 和 repassword，初始值为空字符串。
- changeType 方法用于切换页面类型，将 type 从 login 切换到 register，反之亦然。
- resetReg 方法用于重置注册表单字段值为初始值（空字符串）。
- submitOk 方法为异步函数，当页面类型为 register 时，将发送注册请求，并在成功注册后显示成功提示，并重置注册表单字段值和切换页面类型。

通过以上代码最终实现了注册功能。在注册时，当用户单击"提交"按钮后显示加载效果，注册成功后弹出成功提示，然后清空注册表单并跳转到登录页面。

6.3 配置 Vuex 仓库

在 uni-app 中，使用 Vuex 管理应用状态非常方便。不需要额外安装 Vuex，因为 uni-app 内置了 Vuex，让开发者可以轻松管理应用数据。在本节中，将重点讨论如何配置 Vuex 仓库，以便更好地使用其提供的状态管理功能。

首先，需要在项目的根目录下创建一个名为 store 的目录，并在该目录下添加一个名为 index.js 的文件。接下来，使用 Vue3 语法创建仓库，示例代码如下。

```javascript
import { createStore } from "vuex";

export default createStore({
  state: {
    test: 'Hello Vuex',
    userInfo: null,
    token: ''
  },
  mutations: {
    login(state, userInfo) {
      state.userInfo = userInfo;
      state.token = userInfo.token;
    }
  },
  actions: {}
});
```

在上面的示例代码中，通过 createStore 函数创建了一个 store 对象，其中包含 state、mutations 和 actions。

在 state 中，定义了三个属性：test、userInfo 以及 token。test 是一个简单的字符串"Hello Vuex"，而 userInfo 和 token 则分别初始化为 null 和空字符串。这些属性将用于存储应用程序中需要共享的数据。

在 mutations 中，定义了一个名为 login 的方法，它接收两个参数：state 和 userInfo。当调用 login 方法时，接收一个用户信息对象，并将其赋值给 state 中的 userInfo 属性，同时将用户信息对象中的 token 属性值赋给 state 中的 token 属性，实现对 state 中数据的更新操作。

接下来，需要在 main.js 中引入并挂载仓库实例，示例代码如下。

```javascript
import Store from './store';

// #ifdef VUE3
import { createSSRApp } from 'vue';

export function createApp() {
  const app = createSSRApp(App);

  app.use(Store);

  return {
    app
  };
}
```

有了以上的配置，可以在任意页面中使用仓库中的数据了。以个人中心页面为例，可以轻松获取并展示仓库中的数据，示例代码如下。

```vue
<template>
  <view>
    {{ test }}
  </view>
</template>

<script>
import { mapState } from 'vuex';
import store from '@/store/index.js';
export default {
  computed: {
    ...mapState({
      userInfo: state => state.userInfo,
      test: state => state.test
    })
  }
}
</script>
```

在上面的代码中，通过 mapState 函数将 store 中的数据映射到当前页面的 computed 属性中，从而方便地在页面模板中使用。通过这种方式，可以实现数据的双向绑定，并响应式地展示和更新应用状态。

6.4　实现登录功能

本节将实现用户登录功能。通过登录功能，用户可以方便地进行个人信息管理和数据保存等操作。本节将详细介绍如何实现登录功能开发，将用户信息保存到 Vuex 仓库，并跳转到个人中心页面。

首先，需要了解登录功能的 API 文档，以便正确地进行数据请求和处理。登录功能的 API 文档如下。

- 请求 URL 地址：mobile/login。
- 请求方式：POST。
- 请求参数如下。
  - username：示例值为 test01，参数类型为 String，必填，表示账号。
  - password：示例值为 123456，参数类型为 String，必填，表示密码。

返回示例如下。

```json
{
    "avatar": "",
    "created_time": "2024-04-15T10:29:22.000Z",
    "desc": "",
    "email": null,
    "id": 0,
    "nickname": "",
    "phone": null,
    "sex": "未知",
    "status": 1,
    "token": "eyJhbGciOiJIUzI1NiIsInR5cCI6IkpXVCJ9",
    "updated_time": "2024-04-15T10:29:22.000Z",
    "username": "test0001"
}
```

接下来，打开 api 目录下的 user.js 文件，并根据 API 文档定义请求方法，示例代码如下。

```javascript
//登录
export const loginFn=(data)=>{
    return api.post('mobile/login', data)
}
```

然后，打开 login.vue 文件，引用并调用 loginFn()方法实现登录功能，示例代码如下。

```vue
<script>
import store from '@/store/index.js'
import {loginFn} from '../../services/api/user.js'

export default {
    data() {
        return {
            type: 'login',
            regData: {
                username: '',
                password: '',
                repassword: ''
```

```
            }
        }
    },
    methods: {
        async submitOk() {
            uni.showLoading({
                title: '加载中...',
                mask: false
            })
            if (this.type == 'register') {
                //…
            } else if (this.type == 'login') {
                const res = await loginFn(this.regData)
                uni.hideLoading()
                console.log(res)
                uni.showToast({
                    title: '登录成功',
                    icon: 'none'
                })
                this.resetReg() // 重置登录表单
                store.commit('login', res) // 保存到Vuex
                uni.switchTab({
                    url: '/pages/tabbar/center/center'
                }) // 跳转到个人中心页面
            }
        }
    }
}
</script>
```

【代码解析】

在上述代码中，通过调用 loginFn() 方法实现登录功能，并在登录成功后通过 store.commit() 方法将数据保存到 Vuex 仓库。最后，通过 uni.switchTab() 方法进行页面跳转，实现跳转到个人中心页面的功能。

通过以上步骤，实现了登录功能的开发，并将用户信息保存到 Vuex 仓库。这样，用户可以轻松登录系统，方便地管理个人信息和数据。

6.5 实现数据持久化存储

实现数据持久化存储是一个非常重要的功能，可以确保用户信息在页面刷新后不会丢失。本节将通过示例代码来讲解如何在 uni-app 中实现数据的持久化存储。

我们在 store 目录下的 index.js 文件中进行相关代码编写。此前已经将用户信息保存到 Vuex 仓库中，但存在一个问题，即刷新页面后仓库中的数据会丢失。现在将利用 uni-app 提供的 uni.setStorage() 方法来实现数据的持久化存储。

示例代码如下：

```javascript
export default createStore({
    state: {
        userInfo: null,
        token: '',
    },
    mutations: {
        // 用户登录成功后保存用户信息
        login(state, userInfo) {
            state.userInfo = userInfo;
            state.token = userInfo.token;
            // 数据持久化
            uni.setStorage({
                key: 'userInfo',
                data: JSON.stringify(userInfo)
            })
        },
        // 初始化用户信息
        init(state) {
            uni.getStorage({
                key: 'userInfo',
                success(res) {
                    console.log(JSON.parse(res.data));
                    let userInfo = JSON.parse(res.data);
                    if (userInfo) {
                      state.userInfo = userInfo;
                      state.token = state.userInfo.token;
                    }
                }
            })
        }
    }
});
```

在以上代码中，通过在 mutations 中定义 login 方法，在用户登录成功后保存用户信息，并通过 uni.setStorage()方法将用户信息进行持久化存储。在 init 方法中，通过 uni.getStorage()方法获取本地存储的数据，并初始化用户信息。

接下来，我们需要考虑在何时调用 init()方法来初始化用户信息。通常情况下，可以在 App.vue 文件的 onLaunch 生命周期函数中调用该方法，示例代码如下。

```javascript
<script>
    import store from '/store/index.js';

    export default {
        onLaunch: function() {
            console.log('App Launch');
            // 调用初始化用户方法
            store.commit('init');
        }
    }
</script>
```

【代码解析】

在上述代码中,在 App.vue 文件中的 onLaunch 生命周期函数中调用 store 的 commit 方法来进行用户信息的初始化操作。

通过上述示例代码,实现了数据的持久化存储功能,确保用户信息在页面刷新后不会丢失。这对于 uni-app 项目的开发而言至关重要,同时也为用户提供了更好的体验。

6.6 绑定手机号页面样式布局

在实际开发中,新用户注册成功后通常需要绑定手机号,因此,本节内容将实现手机号绑定页面的布局设计。在用户登录成功后,首先需要判断是否已经绑定手机号,如果尚未绑定,则需要跳转到绑定手机号的页面进行操作。判断用户是否已绑定手机号的方法很简单,只需要检查用户信息 userInfo 中的 phone 字段是否有值,如果为 null 则表示用户还未绑定手机号。

首先,创建一个名称为 bind-tel 的绑定手机号页面,以下是视图层的代码示例。

```html
<template>
    <view class="content" style="width: 580rpx !important;">
        <view class="title">
            绑定手机号
        </view>
        <view class="login">
            <input type="text" value="" placeholder="请输入手机号" />
            <view class="code">
                <input type="text" value="" placeholder="验证码" />
                <send-code></send-code>
            </view>
        </view>
        <view class="loginBtn">
            绑 定
        </view>
    </view>
</template>
```

在上述代码中,包含两个 input 表单,用于用户输入手机号和验证码,同时发送验证码的按钮被封装成一个名为 send-code 的独立组件。接下来,在 components 目录下新建 send-code 组件,示例代码如下。

```html
<template>
    <view class="code" @click="sendCode">
        {{time>0?(time+' s'):'发送'}}
    </view>
</template>

<script>
let timer = null
```

```
export default {
    name: "send-code",
    data() {
        return {
            // 控制倒计时
            time: 0
        };
    },
    methods: {
        sendCode() {
            if(this.time!==0){
                uni.showToast({
                    title:'请稍等...',
                    icon:'none'
                })
                return
            }
            
            this.time = 60
            timer = setInterval(() => {
                this.time--
                if (this.time <= 0) {
                    clearInterval(timer)
                }
            }, 1000)
        }
    }
}
</script>
```

【代码解析】

在 bind-tel 页面中，用户可以输入手机号和验证码，并单击"绑定"按钮进行绑定操作。发送验证码的功能被封装到 send-code 组件中，用户单击验证码区域即可触发发送验证码的操作。倒计时功能通过 time 变量实现，并在用户单击发送验证码后启动定时器倒计时 60s，阻止用户再次单击"发送"按钮。若用户再次单击"发送"按钮，则弹出"请稍等..."的提示。

通过以上示例代码，实现了一个简单的绑定手机号页面布局及发送验证码组件的设计。

6.7 获取验证码数据交互

本节将介绍如何在 uni-app 中实现发送验证码的数据交互过程，通过调用后端 API 获取手机验证码。首先需要了解获取验证码的数据交互流程以及相应的接口文档。

1. 获取手机验证码 API 文档

本节将使用一个名为 get_captcha 的接口来实现发送手机验证码的功能，接口文档如下。

- 请求 URL：mobile/get_captcha。
- 请求方式：POST。

- 请求 body 参数：phone。

示例：135****555
  - 参数类型：String。
  - 是否必填：是。
  - 描述：手机号。

2. 定义发送请求方法

打开 api 目录下的 user.js 文件，根据接口文档定义发送请求的方法，示例代码如下。

```javascript
//获取验证码
export const getCaptcha = (data) => {
    return api.post('mobile/get_captcha', data)
}
```

这段代码定义了一个名为 getCaptcha 的方法，用于向服务器发送获取验证码的请求。

3. 子组件编写

在本节中，父组件将向子组件传递手机号信息，而子组件将负责调用 API 发送网络请求。定义子组件并接收父组件传递的手机号信息，示例代码如下。

```javascript
export default {
    name: "send-code",
    props: {
        phone: {
            type: [String, Number]
        }
    }
}
```

父组件可以通过以下方式给子组件传递数据。

```vue
<send-code :phone='formData.phone'></send-code>
```

4. 发送网络请求

最后，在子组件中实现发送网络请求的逻辑。通过调用 getCaptcha 方法，并传递手机号信息，获取服务器返回的验证码，示例代码如下。

```javascript
import { getCaptcha } from '../../services/api/user.js'
export default {
    name: "send-code",
    methods: {
        async sendCode() {
            if (this.time !== 0) {
                uni.showToast({
                    title: '请稍等...',
```

```
                    icon: 'none'
                })
                return
            }
            //请求 API
            const res = await getCaptcha({ phone: this.phone })
            console.log(res)
            // 处理服务器返回的验证码
            //…
        }
    }
}
```

【代码解析】

在这段代码中,定义了一个名为 sendCode 的方法,用于发送验证码请求,其中 res 是服务器返回的验证码。

通过以上步骤,实现了在 uni-app 中获取验证码数据交互的流程。通过发送网络请求,获取服务器返回的验证码信息,实现了手机验证码验证的功能。

6.8 绑定手机号数据交互

本节将详细介绍如何进行手机号数据交互操作,并提供详细的 API 文档和示例代码。

首先,我们来看一下绑定手机号的 API 文档。

- 请求 URL 地址:mobile/bind_mobile。
- 请求方式:POST。
- 请求 Header 参数:token。
- 请求 Body 参数:phone 和 code。

接下来,打开 api 目录下的 user.js 文件,根据接口文档发送网络请求,示例代码如下。

```javascript
//绑定手机号
export const bindMobile = (data) => {
    return api.post('mobile/bind_mobile', data)
}
```

在发起网络请求时,由于请求头中需要携带 token,将 token 传入请求拦截器中进行处理。请求拦截器的示例代码如下。

```javascript
import store from '@/store/index.js'
// 定义请求拦截器
beforeRequest(options = {}) {
    console.log('请求拦截器');
    options.url = this.baseURL + options.url
    options.header = {
```

```
        appid: this.appid,
        token: store.state.token
    }
    options.method = options.method || 'GET';
    return Promise.resolve(options);
}
```

接下来，打开 bind-tel 页面，导入请求方法并进行调用。在 bind-tel 页面中，可以看到具体的实现逻辑，在绑定手机号成功后还需要及时更新本地存储和 Vuex 仓库，示例代码如下。

```javascript
import {bindMobile} from '../../services/api/user.js'
export default {
    data() {
        return {
            formData: {
                phone: '',
                code: ''
            }
        }
    },
    methods: {
        async submitOk() {
            uni.showLoading({
                title: '加载中...',
                mask: false
            })
            const res = await bindMobile(this.formData)
            console.log(res)
            uni.hideLoading()
            if (res !== 'ok') {
                return
            }
            //绑定成功更新本地存储和 Vuex
            store.commit('updataUserInfo', this.formData.phone)
            //跳转到个人中心
            uni.switchTab({
                url: '/pages/tabbar/center/center'
            })
        }
    }
}
```

在 store 目录下的 index.js 文件中，定义 updataUserInfo 方法及时更新用户手机号信息，示例代码如下。

```javascript
import {createStore} from "vuex";
export default createStore({
    mutations: {
        //更新手机号
        updataUserInfo(state, phone) {
```

```
            state.userInfo.phone = phone
            // 更新本地存储
            uni.setStorage({
                key: 'userInfo',
                data: JSON.stringify(state.userInfo)
            })
        }
    }
})
```

通过上述代码，可以完整地实现手机号绑定功能，并且在绑定成功后能够及时更新本地存储和 Vuex 仓库，确保用户数据的实时性和准确性。

6.9 实现找回密码功能

在项目开发中，找回密码是常见的功能之一。无论是为了方便用户重新设置密码，还是保障账户安全，找回密码功能都显得至关重要。本节将介绍如何实现找回密码功能，包括页面样式布局和前后端交互的具体实现。

"找回密码"页面效果图如图 6-3 所示。

图 6-3 "找回密码"页面效果图

1. 实现"找回密码"页面的样式布局

首先，需要创建一个新的页面专门用于处理找回密码的功能。在 pages 目录下新建 reset-password

页面，并在页面中添加以下布局代码。

```vue
<template>
    <view class="content" style="width: 580rpx !important;">
        <view class="title">
            找回密码
        </view>
        <view class="login">
            <input type="text" value="" placeholder="请输入手机号" v-model="formData.phone"/>
            <view class="code">
                <input type="text" value="" placeholder="验证码" v-model="formData.code" />
                <send-code :phone='formData.phone'></send-code>
            </view>
            <input type="text" value="" placeholder="请输入密码" v-model="formData.password"/>
            <input type="text" value="" placeholder="请确认密码" v-model="formData.repassword"/>
        </view>
        <view class="loginBtn" @click="submitOk">
            确定
        </view>
    </view>
</template>
```

上述代码通过 input 标签实现了手机号、验证码、输入密码及确认密码的双向绑定，其中 send-code 是一个子组件，用于发送验证码。这个组件在绑定手机号时已开发完成，可以直接引用。

2. 实现找回密码功能的前后端交互

接下来，需要实现找回密码功能的前后端交互。下面是找回密码功能的 API 文档。
- 请求 URL：mobile/forget。
- 请求方式：POST。
- 请求 body 参数如下。
  - phone：手机号。
  - code：验证码。
  - password：密码。
  - repassword：确认密码。

打开 api 目录下的 user.js 文件，定义发送请求的方法，示例代码如下。

```javascript
// 找回密码
export const resetPwdFn = (data) => {
  return api.post('mobile/forget', data);
}
```

接着，在 reset-password 页面中导入并调用 resetPwdFn() 方法，示例代码如下。

```javascript
```

```
<script>
import { resetPwdFn } from '../../services/api/user.js';
export default {
  data() {
    return {
      formData: {
        phone: '',
        code: '',
        password: '',
        repassword: ''
      }
    }
  },
  methods: {
    async submitOk() {
      uni.showLoading({
        title: '加载中...',
        mask: false
      });

      const res = await resetPwdFn(this.formData);
      console.log(res);
      uni.hideLoading();
      // 跳转到登录页面
      uni.navigateTo({
        url: '/pages/login/login'
      });
    }
  }
}
</script>
```

【代码解析】

(1) 在页面中通过 resetPwdFn() 方法向后端发送请求,实现了找回密码的功能。

(2) 在提交按钮单击事件中,首先展示加载中动画,然后调用 resetPwdFn() 方法发送请求,请求成功后隐藏加载中动画,并跳转到登录页面。

通过以上步骤,实现了找回密码功能。用户可以通过输入手机号、验证码以及设置新密码来找回其账户密码,从而提升用户体验和账户安全性。

第 7 章　个人中心模块

在本章中，我们将深入探讨如何构建项目中的个人中心模块，详细解析各个组件的样式和布局。首先，展示如何设计一个简洁而直观的界面来显示用户的个人信息，包括昵称和其他基本资料。此外，你将学会实现一个安全可靠的退出登录功能，确保用户数据的可靠性和安全性。

为了提升用户体验，我们将介绍前端权限验证的重要性及其实现方法，确保访问权限得到有效管理。了解如何进行密码修改是本章的另一个重头戏，我们将带你逐步实现密码修改功能，从数据的获取、验证到修改后的反馈，每一步都将详细解释。

头像上传是个人中心模块中的一个关键环节，我们将详细讲解如何让用户通过简单的操作上传或更改头像。最后，你将学习如何实现与后端的数据交互，使个人中心模块的数据展示和更新更加流畅和准确。

7.1　个人中心页面样式布局

在项目开发中，个人中心页面是用户与应用进行互动、管理个人信息和查看个人数据的重要入口。如何设计一个吸引用户、易于操作的个人中心页面，是每个应用开发者都需要思考的问题。本节将介绍如何实现个人中心页面的样式布局，包括视图层代码和 CSS 样式代码。

个人中心页面效果图如图 7-1 所示。

图 7-1　个人中心页面效果图

1. 视图层代码示例

打开 tabbar 目录下的 center.vue 页面，可以按照以下方式编写个人中心页面的视图层代码。

```vue
<template>
    <view>

        <view class="c_top">
            <view class="content">
                <view class="left">
                    <image src="../../../static/logo.png" mode="widthFix"></image>
                    <view class="desc">
                        <text @click="goToLogin">立即登录</text>
                        <text>www.jjcto.com</text>
                    </view>
                </view>

                <text class="iconfont icon-shezhi" style="font-size: 45rpx;"></text>
            </view>
        </view>

        <view class="content">
            <view class="item">
                <text class="iconfont icon-dingdan"></text>
                <text>订单</text>
            </view>
            <view class="item">
                <text class="iconfont icon-shoucang"></text>
                <text>收藏</text>
            </view>

            <view class="item">
                <text class="iconfont icon-xiaoxi"></text>
                <text>消息</text>
            </view>
            <view class="item">
                <text class="iconfont icon-wodeyouhuiquan"></text>
                <text>优惠券</text>
            </view>

        </view>

        <view class="xian"></view>

        <view class="c_footer">
            <view>
                <text>>></text>账户安全
            </view>
            <view>
                <text>2.00kb</text>清除缓存
            </view>
            <view>
                <text>>></text>关于我们
```

```
            </view>
        </view>

    </view>
</template>
```

2. CSS 样式代码示例

接下来,为个人中心页面添加样式效果,可以按照以下方式编写 CSS 样式代码。

```vue
<style lang="less">
    .c_top{
        background-color: #409eff;
        color: #fff;
        padding-top: 80rpx;
        padding-bottom: 80rpx;
        margin-bottom: 30rpx;
        image{
            width: 120rpx;
            height: 120rpx;
            border-radius: 120rpx;
            border: 1px solid #fff;
            margin-right: 30rpx;
        }
    }
    .content{
        display: flex;
        justify-content: space-between;
        align-items: center;
    }
    .left{
        display: flex;
    }
    .desc{
        display: flex;
        flex-direction: column;
        justify-content: center;
    }

    .desc text:nth-child(1){
        font-size: 30rpx;
        padding-bottom: 10rpx;
    }
    .item{
        display: flex;
        flex-direction: column;
        justify-content: center;
        align-items: center;
        width: 150rpx;
    }
    .item text:nth-child(1){
        padding-bottom: 10rpx;
```

```
        font-size: 55rpx;
        color: #409eff;
    }
    .item text:nth-child(2){
        font-size: 26rpx;
        color: #409eff;
    }
    .c_footer{
        width: 700rpx;
        margin: 0 auto;
        view{
            padding-top: 25rpx;
            padding-bottom: 25rpx;
            border-bottom: 1px solid #dbdbdb;
        }
    }
    .c_footer text{
        float: right;
    }
</style>
```

【代码解析】

在个人中心页面的样式布局中，通过 HTML 和 CSS 代码实现了多个关键元素的排版和样式定义。

在 c_top 样式类下，设置了个人信息展示区域的背景颜色、字体颜色以及内边距等样式，通过左侧显示用户头像和网站 LOGO，并在右侧显示登录按钮和网站链接。

在 content 样式类下，使用了 flex 布局展示功能列表，每个功能项通过图标和名称组合在一起，使得页面整体结构清晰明了。

在 c_footer 样式类下，设置了底部功能菜单栏的样式，易于用户操作。

通过以上设计，用户可以在个人中心页面快速了解自己的个人信息，查看相关功能列表并进行操作，同时也可以轻松管理账户安全和清除缓存等操作。

7.2 展示个人信息及退出登录

本节将实现个人信息展示以及退出登录功能。

首先，需要从 Vuex 中获取用户信息以展示个人信息。在以下示例代码中，引入 mapState 模块，并在 computed 属性中获取用户信息 userInfo，示例代码如下。

```vue
<script>
import { mapState } from 'vuex';
import store from '@/store/index.js';

export default {
    computed: {
```

```
        ...mapState({
            userInfo: state => state.userInfo
        })
    }
}
</script>
```

通过上述代码，可以轻松获取用户信息并在页面中展示。接着，在页面中通过条件判断来显示不同内容，即当 userInfo 有值时，显示已登录状态，反之显示未登录状态，示例代码如下。

```vue
<view class="c_top">
    <view class="content">
        <view class="left" v-if="!userInfo">
            <image src="../../../static/logo.png" mode="widthFix"></image>
            <view class="desc">
                <text @click="goToLogin">立即登录</text>
                <text>www.jjcto.com</text>
            </view>
        </view>
        <view class="left" v-else>
            <image :src="userInfo.avatar || '../../../static/logo.png'"></image>
            <view class="desc">
                <text @click="goToLogin">用户：{{userInfo.username || userInfo.phone}}</text>
                <text>www.jjcto.com</text>
            </view>
        </view>

        <text class="iconfont icon-shezhi" style="font-size: 45rpx" v-if="userInfo"></text>
    </view>
</view>
```

以上代码展示了根据用户登录状态不同而展示不同内容的实现方法。接下来，将实现退出登录功能。当用户已登录时，显示"退出登录"按钮，并绑定退出事件。

```vue
<view class="logout" v-if="userInfo" @click="logout">
    退出登录
</view>
```

在 logout 事件中执行退出操作，通常将退出方法写入 Vuex 中，然后在事件触发时调用该方法。在 Vuex 的 mutations 中，编写了退出登录的方法 logoutFn。

```javascript
mutations: {
    //退出登录
    logoutFn(state){
        state.userInfo = null;
        state.token = '';
        uni.removeStorage({
            key: 'userInfo',
            success: function () {
```

```
            console.log('userInfo token removed successfully');
        }
    });
}
```

然后，在个人中心页面中调用 logoutFn 方法，并在确认退出时执行该方法。

```vue
methods: {
    logout() {
        uni.showModal({
            content: '是否退出？',
            success: (res) => {
                if (res.cancel) {
                    return;
                }
                store.commit('logoutFn');
            }
        });
    }
}
```

通过以上代码，实现了退出登录的功能，让用户可以轻松退出当前账号。展示个人信息及退出登录功能是项目开发中常见的需求，通过本节的示例代码，相信你已经掌握了实现这一功能的方法。

7.3 前端权限验证

在项目开发中，常常需要在应用程序实现前端权限验证功能，以确保用户信息的安全性和数据的隐私性。例如，订单页面、优惠券页面、收藏页面等需要用户登录后才能浏览，这就需要进行权限验证，确保用户在未登录状态下无法访问这些页面。

在本节中，将学习如何实现前端的权限验证功能，为用户提供更加安全和完善的应用体验。将实现以下两个主要功能。

（1）未登录用户单击需要权限验证的页面时自动跳转到登录页面。
（2）未绑定手机号的用户访问相关页面时自动跳转到绑定手机号页面完成绑定。

为了提高代码的复用性和可维护性，将在 main.js 中定义一个公共方法，用于处理权限验证逻辑，示例代码如下。

```js
// #ifdef VUE3
import { createSSRApp } from 'vue'
import App from './App.vue'
// Vuex 仓库
import Store from './store'

export function createApp() {
```

```
const app = createSSRApp(App)
// 公共方法 - 权限验证
app.config.globalProperties.$authToLink = function(url) {
  // 如果用户未登录
  if (!Store.state.token) {
    return uni.navigateTo({
      url: '/pages/login/login'
    });
  }
  // 如果用户未绑定手机号
  if (!Store.state.userInfo.phone) {
    return uni.navigateTo({
      url: '/pages/bind-tel/bind-tel'
    });
  }
  uni.navigateTo({
    url
  })
}
app.use(Store)
return {
  app
}
}
// #endif
```

【代码解析】

在以上代码中，使用 app.config.globalProperties 来挂载公共方法$authToLink，在该方法中判断用户登录状态和手机号绑定状态，然后根据情况进行页面跳转。这样，在项目中其他地方需要进行权限验证时，只需调用这个全局方法即可实现相同的逻辑，大大简化了开发流程并提升了代码的可维护性。

接下来，让我们看一下如何在页面中调用全局方法进行权限验证并跳转到相应页面。假设有一个订单页面，用户需要在登录并绑定手机号后才能访问，示例代码如下。

```vue
<view class="item" @click="$authToLink('/pages/my-order/my-order')">
  <text class="iconfont icon-dingdan"></text>
  <text>订单</text>
</view>
```

在上述代码中，当用户单击订单页面时，触发$authToLink 方法进行权限验证。如果用户未登录，则跳转至登录页面；如果用户未绑定手机号，则跳转至绑定手机号页面；否则将直接跳转至订单页面。这样，可以在任何需要权限验证的地方调用这个方法，实现统一的权限控制。

通过以上步骤，成功实现了前端的权限验证功能，并为用户提供了更加安全和便捷的用户体验。

7.4 修改密码功能实现

在项目开发实战中，实现修改密码功能是一个非常常见且重要的需求。用户的账户安全始终是我们关注的焦点之一。通过本节将逐步引导你完成在项目中实现修改密码功能的过程。当用户单击个人中心的账户安全选项时，将跳转至"修改密码"页面，用户可以在此页面进行密码重置操作。

首先，在 pages 目录下新建 edit-pwd 页面，该页面的静态代码如下。

```vue
<template>
    <view class="content">
        <view class="login">
            <input type="text" value="" placeholder="请输入原密码" v-model="formData.opassword" />
            <input type="text" value="" placeholder="请输入新密码" v-model="formData.password" />
            <input type="text" value="" placeholder="请确认新密码" v-model="formData.repassword" />
        </view>
        <view class="loginBtn" @click="submitOk">
            确 定
        </view>
    </view>
</template>
```

在"修改密码"页面中，使用了 Vue 的双向数据绑定技术，绑定了原密码、新密码以及确认新密码三个输入框的值。当用户单击"确认"按钮时，将调用 submitOk() 方法进行数据交互操作。

接下来，我们看一下修改密码的 API 文档。
- 请求 URL 地址：mobile/update_password。
- 请求方式：POST。
- 请求参数如下。
  - opassword：原始密码。
  - password：密码。
  - repassword：确认密码。

打开 api 目录下的 user.js，根据接口文档定义相应的请求方法，示例代码如下。

```javascript
// 修改密码
export const editPwdFn = (data) => {
    return api.post('mobile/update_password', data);
}
```

回到 edit-pwd 页面，引入 API 方法并执行调用操作，示例代码如下。

```vue
<script>
import { editPwdFn } from '../../services/api/user.js';
export default {
    data() {
        return {
            formData: {
                opassword: '',
                password: '',
```

```
            repassword: ''
        }
    }
},
methods: {
    async submitOk() {
        uni.showLoading({
            title: '加载中'
        });
        const res = await editPwdFn(this.formData);
        uni.hideLoading();
        if (res !== 'ok') {
            return;
        }
        uni.navigateBack({
            delta: 1
        });
    }
}
}
</script>
```

通过以上代码，即可实现在项目中修改密码功能的全部操作。当用户在页面输入原密码、新密码和确认新密码后，单击确认按钮，通过调用接口完成密码修改操作。

7.5　个人资料修改页面样式布局

在本节中，我们将学习如何实现个人资料修改页面的样式布局，使用户可以自行修改头像、昵称、性别等信息，"修改资料"页面效果图如图 7-2 所示。

图 7-2　"修改资料"页面效果图

首先，需要在 pages 目录下新建 edit-user 页面，用于展示个人资料修改的界面。在页面布局代码中，将展示用户头像、昵称、性别和手机信息，并提供相应的修改入口。下面是页面布局的示例代码。

```vue
<template>
    <view class="content">
        <image :src="formData.avatar" mode="widthFix"></image>
        <view class="home-footer-item">
            <text>昵称</text>
            <input type="text" placeholder="请输入昵称" style="text-align: right;font-size: 28rpx;" v-model="formData.nickname"></input>
        </view>
        <view class="home-footer-item" @click="changeSex">
            <text>性别</text>
            <text style="color: #808080;">{{formData.sex}}</text>
        </view>
        <view @click="$authToLink('/pages/bind-tel/bind-tel')">
            <text>手机</text>
            <text style="color: #808080;">{{$store.state.userInfo.phone}}</text>
        </view>

        <view class="submit" @click="submit"
            style="position: fixed;bottom: 30rpx;">
            保存
        </view>
    </view>
</template>
```

【代码解析】
以上代码展示了用户头像、昵称、性别信息以及用户输入昵称的输入框。用户可以单击性别区域选择性别，对应的性别信息将实时更新在页面上，方便用户进行选择。

在数据处理代码中，需要定义 formData 对象以实现数据的双向绑定。formData 对象包括了用户的头像、昵称、性别等信息。同时，在 methods 中定义了 changeSex 方法，用户单击性别区域后将弹出选择性别的 ActionSheet，用户可以方便地选择性别并更新到页面展示，示例代码如下。

```vue
<script>
    export default {
        data() {
            return {
                formData:{
                    avatar:'',
                    nickname:'',
                    sex:'未知'
                }
            }
        },
        methods: {
            //选择性别
            changeSex(){
```

```
            let sexOptions=['男','女','未知']
            uni.showActionSheet({
                itemList:sexOptions,
                success: (res) => {
                    this.formData.sex=sexOptions[res.tapIndex]
                    console.log(res.tapIndex)
                }
            })
        },
    }
}
</script>
```

通过上述代码,实现了一个简单而实用的个人资料修改页面的样式布局。用户可以自行修改头像、昵称、性别等信息,并通过单击确定按钮保存修改后的个人资料。数据的双向绑定确保了用户在输入后立即看到所做的更改,提升了用户的操作体验。同时,单击性别区域可以方便快捷地选择性别,用户可以根据自己的实际情况进行选择。对于手机号信息,直接从 Vuex 仓库中获取,若需修改手机号,则单击跳转到绑定手机号页面进行操作。

7.6 上传头像

为了提升用户体验和个性化,上传头像功能已成为大部分应用必不可少的功能之一。在本节中,我们将学习如何在 uni-app 中实现用户上传头像的功能。首先,我们来看一下上传头像的 API 文档。

- 请求 URL 地址:mobile/upload。
- 请求 header 参数如下。
  - appid: (String):应用 ID。
  - token: (String):认证令牌。
- 请求 body 参数如下。

file: http://...test.jpg (File)-图片文件。

1. 上传图片方法

在 uni-app 中,可以利用 uni.uploadFile()方法实现图片上传功能。由于需要携带请求 Header 参数等信息,一种常见的做法是在请求文件夹中封装一个上传图片的方法。下面是封装上传图片方法的示例代码。

```javascript
// services/request.js
upload(url, data = {}, options = {}) {
    options.url = url;
    return this.beforRequest(options).then(opt => {
        return new Promise((resolve, reject) => {
            uni.uploadFile({
                url: opt.url,
```

```
        filePath: data.filePath,
        name: data.name || 'files',
            header: opt.header,
            success: res => {
                if (res.statusCode !== 200) {
                    reject('上传失败');
                    uni.showToast({
                        title: '上传失败',
                        icon: 'none'
                    });
                } else {
                    let message = JSON.parse(res.data);
                    resolve(message.data);
                }
            },
            fail: err => {
                console.log(err);
                reject(err.message);
            }
        });
    });
});
}
```

【代码解析】

（1）调用 upload 方法时，需要传入一个 url 参数表示上传文件的 URL 地址，data 参数表示上传的文件路径、文件名等信息，options 参数表示其他请求选项。

（2）使用 beforeRequest 方法对请求选项进行处理，返回一个经过处理的选项 opt。

（3）调用 uni.uploadFile 方法实现文件上传功能，其中包括上传文件的 URL 地址、文件路径、文件名等参数；

（4）通过 Promise 对象处理上传成功和失败的情况，上传成功时将返回的数据解析后通过 resolve 方法返回，上传失败时通过 reject 方法抛出错误信息并弹出提示。

2. 定义上传头像的 API 方法

根据接口文档，可以在 api 目录下的 user.js 文件中定义发送上传头像请求的 API 方法，示例代码如下。

```javascript
// services/api/user.js
// 上传头像
export const uploadImgFn = (filePath, onProgress = null) => {
    return api.upload('mobile/upload', {
        filePath
    }, {
        onProgress
    })
}
```

最后，在编辑用户信息的页面（edit-user.vue）中，导入并调用 uploadImgFn 方法。当用户进行头像选择操作时，触发 uploadImg() 方法，通过 uni.chooseImage() 获取图片路径，再调用 uploadImgFn() 上传到服务器，示例代码如下。

```vue
<!-- edit-user.vue -->
<script>
    import { uploadImgFn } from '../../services/api/user.js'
    export default {
        methods: {
            // 选择头像
            uploadImg(){
                uni.chooseImage({
                    count: 1,
                    success: (res) => {
                        // 图片路径
                        // res.tempFilePaths[0]
                        uploadImgFn(res.tempFilePaths[0], (progress) => {
                            console.log(progress)
                        }).then(res => {
                            console.log(res)
                            this.formData.avatar = res
                        })
                    }
                })
            }
        }
    }
</script>
```

通过以上步骤，成功实现了在 uni-app 中上传头像的功能。用户可以通过单击页面进行头像选择并上传到服务器。

7.7 修改用户资料数据交互

本节将实现修改用户资料数据交互。此前我们已经成功获取了用户的头像、昵称和性别信息。接下来开始与后端进行数据交互的过程。

修改用户资料的 API 文档如下。
- 请求 URL：mobile/update_info。
- 请求方式：POST。
- 请求 body 参数：头像（avatar）、昵称（nickname）、性别（sex）。

接下来，打开 api 目录下的 user.js 文件，根据接口文档定义发送请求的 API 方法，示例代码如下。

```javascript
// 修改用户资料
export const editUserInfo = (data) => {
    return api.post('mobile/update_info', data)
```

接着，在 edit-user 修改资料页面中引入并调用 editUserInfo()方法，示例代码如下。

```vue
<script>
import store from '@/store/index.js'
import {
    uploadImgFn,
    editUserInfo
} from '../../services/api/user.js'
export default {
    //…
    methods: {
        //…
        // 保存修改资料
        async submit(){
            uni.showLoading({
                title: '加载中...'
            })
            const res = await editUserInfo(this.formData)
            uni.hideLoading()
            console.log(res)
            if(res !== 'ok'){
                return
            }
            // 更新本地存储及 Vuex 仓库
            store.commit('setUser', this.formData)
            uni.navigateBack({
                delta: 1
            })
        }
    }
}
</script>
```

【代码解析】

当用户单击"保存"按钮时，将触发 submit()提交方法，在该方法中调用 editUserInfo()方法并传入修改信息对象进行提交。最后，在数据成功更新后，需同步更新本地存储和 Vuex 仓库。打开 store 目录下的 index.js 文件，更新代码如下。

```javascript
// 更新用户资料
setUser(state, obj) {
    Object.keys(obj).forEach(key => state.userInfo[key] = obj[key])
    uni.setStorage({
        key: 'userInfo',
        data: JSON.stringify(state.userInfo)
    })
}
```

通过以上步骤，最终成功实现了修改用户资料的数据交互功能。在整个过程中，利用 uni-app 提供的便捷性和灵活性，完成了与后端服务器的交互，实现了用户资料的有效修改和更新。

7.8 我的订单列表数据交互

在本节中，我们将实现个人中心中订单列表的数据交互功能。通过单击个人中心的订单模块，用户可以进入订单列表页面，查看自己的订单信息。通过调用 API 获取订单数据，并将其展示在页面上。

首先，需要了解订单列表的 API 文档，以便正确地发送请求获取订单数据。以下是订单列表 API 的相关信息。

- 请求 URL 地址：mobile/order/list。
- 请求方式：GET。
- 请求 query 参数：
  - page：当前页码。
  - limit：显示条数。

接下来，在 api 目录下的 user.js 文件中定义发送请求的 API 方法，示例代码如下。

```javascript
// 订获取单列表
export const getOrderList = (params) => {
  return api.get('mobile/order/list', params);
}
```

然后，调用 API 获取数据并渲染页面。

打开 my-order.vue 订单列表页面，导入请求方法并进行调用，同时处理下拉刷新和上拉加载更多的逻辑，示例代码如下。

```vue
import { getOrderList } from '/services/api/user.js';
export default {
  data() {
    return {
      loadStatus: 'loading',
      params: {
        page: 1,
        limit: 10
      },
      orderList: []
    }
  },
  created() {
    this.getData();
  },
  onPullDownRefresh() {
    this.params.page = 1;
```

```js
      this.getData();
      uni.stopPullDownRefresh();
    },
    onReachBottom() {
      this.loadMoreHandle();
    },
    methods: {
      loadMoreHandle() {
        if (this.loadStatus !== 'more') {
          return;
        }
        this.params.page = this.params.page + 1;
        this.getData();
      },
      async getData() {
        let page = this.params.page;
        const res = await getOrderList(this.params);

        this.orderList = page === 1 ? res.rows : [...this.orderList, ...res.rows];
        this.loadStatus = res.rows.length < this.params.limit ? 'noMore' : 'more';
      }
    }
}
```

【代码解析】

（1）data()方法里定义了组件的初始数据，包括以下内容。

● loadStatus：加载状态，初始值为 loading。

● params：参数对象，包括当前页码和每页显示数量。

● orderList：订单列表，初始值为空数组。

（2）created()钩子函数在组件创建时调用 getData()方法获取订单列表数据。

（3）onPullDownRefresh()方法用于处理用户下拉刷新操作，将当前页码重置为 1 并调用 getData()获取数据，最后调用 uni.stopPullDownRefresh()停止下拉刷新动作。

（4）onReachBottom()方法用于处理页面滚动到底部时加载更多数据，调用 loadMoreHandle()方法处理加载更多逻辑。

（5）loadMoreHandle()方法用于加载更多数据，当加载状态不是'more'时直接返回，否则增加页码并调用 getData()方法获取数据。

（6）getData()方法是异步的，根据当前页码参数调用 getOrderList()函数获取订单列表数据，并根据返回的数据更新订单列表和加载状态。如果当前页数据长度小于每页显示数量，则表示没有更多数据可加载，加载状态改为 noMore，否则还可以加载更多数据，加载状态改为 more。

最后，将服务器返回的订单数据渲染到页面上，以便用户能够查看自己的订单信息，示例代码如下。

```vue
<template>
  <view class="content">
    <view class="list" v-for="(item, i) in orderList" :key="i">
      <text>订单编号：{{ item.no }}</text>
```

```
            <text>订单时间：{{ item.created_time }}</text>
            <text>课程名称：{{ item.goods }}</text>
            <text>课程价格：¥{{ item.price }}</text>
            <view>
                {{ item.status === 'success' ? '交易成功' : '等待支付' }}
            </view>
        </view>
    </view>

    <view class="more">
        <!-- 上拉加载更多组件 -->
        <uni-load-more :status="loadStatus"></uni-load-more>
    </view>
  </view>
</template>
```

通过以上步骤，实现了订单列表的开发，包括加载数据、下拉刷新和上拉加载更多功能。用户现在可以方便地查看自己的订单信息，随时掌握订单状态。

第 8 章 考试模块

本章将进入考试模块开发。首先，详细讲解如何设计和实现考试列表页面的样式布局。通过实际案例，你将学会如何进行"考试列表"页面的数据交互，以确保用户浏览和选择考试的体验。

接下来，深入探讨考试详情页面的细节处理。你将在这里了解各种题型的数据交互与绑定技术，包括但不限于选择题、填空题，确保每种题型都能准确无误地在页面上呈现和交互。此外，还将详细讲解如何获取考试试题，这部分内容将涉及请求 API、解析数据等关键技术点。

最后，你将掌握交卷及自动交卷功能的实现方法。无论是允许用户手动提交试卷，还是实现规定时间内的自动交卷，我们都将为你提供清晰的代码示例和详细讲解，通过本章的学习，你将全面掌握考试模块的各个关键要素。

8.1 考试列表样式布局

在本项目开发中，考试列表样式布局是非常重要的一环。通过合理的页面布局和精心设计的样式，可以更好地展示考试信息，吸引用户的注意力，提升用户体验。本节将讲解如何实现一个简单而又美观的考试列表样式布局，并展示相应的代码示例，"考试列表"页面如图 8-1 所示。

图 8-1 "考试列表"页面

首先，需要创建"考试列表"页面，之前已经在 tabbar 目录下的 test.vue 文件中完成页面的新建工作。接下来，将开始定义"考试列表"页面的视图层代码，使考试信息以清晰的样式展现在用户面前。

下面是考试列表视图层的示例代码。

```vue
<template>
    <view class="content" style="padding-bottom: 100rpx;">
        <view class="test-item" v-for="(item, i) in 10">
            <view class="num">
                <text>{{ i+1 }}</text>
            </view>
            <view class="title">
                <view>
                    <text class="t1">2024年经济法标题</text>
                </view>
                <view class="t2">
                    <text>题目总数：3</text>
                    <text>考试时长：60分钟</text>
                </view>
            </view>
            <view class="ubtn">
                立即测试
            </view>
        </view>
    </view>
</template>
```

在上述代码中，定义了考试列表每一项包含考试序号、标题、题目总数、考试时长以及立即测试按钮。让用户能够一目了然地了解考试的相关信息，同时便于进行操作。

接下来是为考试列表添加样式的CSS代码。

```css
<style>
.test-item {
    display: flex;
    justify-content: space-around;
    border-bottom: 1px solid #dbdbdb;
    padding-top: 30rpx;
    padding-bottom: 30rpx;
    align-items: center;
}

.num {
    width: 40rpx;
    height: 40rpx;
    background-color: #dbdbdb;
    border-radius: 40rpx;
    font-size: 24rpx;
    text-align: center;
    line-height: 40rpx;
}

.title {
    padding-left: 20rpx;
```

```
        padding-right: 20rpx;
        flex: 1;
        white-space: nowrap;
        overflow: hidden;
        text-overflow: ellipsis;
    }

    .t1 {
        font-size: 28rpx;
        line-height: 40rpx;
    }

    .t2 {
        font-size: 24rpx;
        padding-top: 15rpx;
    }

    .t2 > text {
        padding-right: 30rpx;
        color: #666;
    }

    .ubtn {
        width: 150rpx;
        background-color: #409eff;
        font-size: 24rpx;
        color: #fff;
        line-height: 55rpx;
        text-align: center;
        border-radius: 55rpx;
    }
</style>
```

在上述 CSS 代码中，定义了考试列表每一项的样式，包括序号盒子、标题容器、按钮等。通过合适的样式设计，使"考试列表"页面看起来更加整洁美观，提升用户的使用体验。

通过以上视图层代码和 CSS 样式代码的搭配，成功实现了一个简单的"考试列表"页面布局。用户可以清晰地看到每一项考试的相关信息，并且可以方便地进行操作。

8.2 "考试列表"页面数据交互

本节将介绍如何通过调用 API 从服务器获取真实数据，并将其渲染到页面上，以实现功能强大的考试列表交互。

首先，查看一下获取考试列表的 API 文档。
- 请求 URL 地址：mobile/testpaper/list。
- 请求方式：GET。
- 请求 query 参数如下。
  ■ page：当前页码。

- limit：显示条数。

接下来，需要根据接口文档定义发送请求的 API 方法。将考试模块作为一个新模块，新建 test.js 文件在 api 目录下，用于存放和考试相关的 API 请求方法。获取考试列表请求方法的示例代码如下。

```javascript
// 获取考试列表
export const getTestList = (params) => {
    return api.get('mobile/testpaper/list', params);
}
```

接下来，在 test.vue 页面中引用并调用 getTestList() 方法，示例代码如下。

```vue
<script>
import { getTestList } from '../../../services/api/test.js';
export default {
    data() {
        return {
            loadStatus: 'loading',
            queryData: {
                page: 1,
                limit: 10
            },
            testList: []
        }
    },
    created() {
        this.getData();
    },
    onReachBottom() {
        this.loadMoreHandle();
    },
    onPullDownRefresh() {
        this.queryData.page = 1;
        this.getData();
        uni.stopPullDownRefresh();
    },
    methods: {
        loadMoreHandle() {
            if (this.loadStatus !== 'more') {
                return;
            }
            this.queryData.page = this.queryData.page + 1;
            this.getData();
        },
        async getData() {
            let page = this.queryData.page;
            const res = await getTestList(this.queryData);

            this.testList = page === 1 ? res.rows : [...this.testList, ...res.rows];

            this.loadStatus = res.rows.length < this.queryData.limit ? 'noMore' : 'more';
```

```
    }
  }
}
</script>
```

【代码解析】

上述代码的主要功能是获取服务器端数据。在页面加载时通过调用 getData()方法获取数据，同时在上拉加载更多和下拉刷新时也会触发相应的方法。

其中，queryData 对象用来存储查询条件，testList 数组存储测试列表数据，loadStatus 字符串用来表示加载状态。在 getData()方法中根据查询条件调用 getTestList()方法来获取测试列表数据，然后根据当前页数的不同，将数据合并到 testList 数组中。同时根据请求返回的数据条数和每页限制数量，更新 loadStatus 的状态。

上拉加载更多时会调用 loadMoreHandle()方法，如果加载状态不是 more，则直接返回；否则增加页数并重新获取数据。

在下拉刷新时，将页数重置为 1，重新获取数据并停止下拉刷新状态。

总体而言，实现了考试列表加载及下拉刷新、上拉加载更多的功能。

最后，需要将服务器返回的数据渲染到视图层中，示例代码如下。

```vue
<view class="test-item" v-for="(item, i) in testList">
    <view class="num">
        <text>{{i + 1}}</text>
    </view>
    <view class="title">
        <view>
            <text class="t1">{{item.title}}</text>
        </view>
        <view class="t2">
            <text>题目总数：{{item.question_count}}</text>
            <text>考试时长：{{item.expire}}分钟</text>
        </view>
    </view>
    <view class='ubtn'>
        {{item.is_test ? '考试完成' : '立即测试'}}
    </view>
</view>
```

通过以上步骤，成功实现了考试列表的交互功能。现在你可以在项目中轻松实现获取考试列表、下拉刷新、自动加载下一页等强大功能。

8.3 考试详情页面的倒计时功能

本节内容将介绍项目开发中的一个重要功能——考试详情页面的倒计时功能。

首先，在项目中新建一个名为 test-start 的页面，当用户单击考试列表中的"立即测试"按钮时，跳转到 test-start 页面。在该页面中，需要实现一个倒计时功能，以提醒用户距离考试结束还有多少时间。

在 uni-app 中，可以通过 uni.showModal 显示一个模态框，询问用户是否要参加考试，示例代码如下。

```vue
//参加考试
submitOk(){
    uni.showModal({
        content: '是否参加考试？',
        success: (res)=> {
            if (!res.confirm) {
                return
            }
            //确定参加考试
            uni.navigateTo({
                url:'/pages/test-start/test-start'
            })
        }
    });
}
```

当用户单击"确认"按钮后，即可跳转至考试详情页。接下来，将为考试详情页开发倒计时功能。为了方便后期维护，将倒计时功能单独抽离成一个名为 set-timeout 的组件，该组件中包含显示倒计时的样式和计时逻辑。

```vue
<template>
    <view class="content">
        <view class="timer">
            <text>距离考试结束还有：</text>
            <text>{{timer}}</text>
        </view>
    </view>
</template>

<script>
let timer01=null
export default {
    name: "set-timeout",
    //接收父组件传递过来的数据
    //默认120min
    props: {
        expire: {
            type: Number,
            default: 120
        }
    },
    data() {
        return {
            time_out: 0
        };
    },
```

```js
    mounted() {
        this.time_out = this.expire * 60
        if(this.time_out>0){
            timer01=setInterval(this.handleTimeOut,1000)
        }
        
    },
    computed:{
        timer(){
            return this.formatTime(this.time_out)
        }
    },
    beforeDestroy() {
        if(timer01){
            clearInterval(timer01)
        }
    },
    methods:{
        //转换为时分秒
        formatTime(data) {
            let hours = parseInt(data%(60*60*24)/(60*60))
            let minutes = parseInt(data%(60*60)/60)
            let seconds = data%60
            return (hours < 10 ? ('0' + hours) : hours) + ':' + (minutes < 10 ? ('0' + minutes) : minutes) + ':' + (seconds < 10 ? ('0' + seconds) : seconds);
        },
        //倒计时
        handleTimeOut(){
            if(this.time_out==0){
                //通知父组件定时器结束
                this.$emit('stop')
                clearInterval(timer01)
                return
            }
            this.time_out--
        },
    }
}
</script>

<style>
.timer {
    display: flex;
    flex-direction: column;
    text-align: right;
    border-bottom: 1px solid #409eff;
    padding-bottom: 15rpx;
}

.timer>text:nth-child(1) {
    font-size: 30rpx;
    padding-top: 15px;
}
```

```
.timer>text:nth-child(2) {
    padding-top: 5rpx;
    color: #409eff;
    font-weight: bold;
}
</style>
```

【代码解析】

上述代码实现了一个倒计时功能，以显示距离考试结束还有多长时间。其主要功能如下。

(1) 提供了一个 expire 属性，用于接收父组件传递的时间（默认是 120min）。
(2) 在组件挂载后，将传入的时间转换为秒，并设置一个定时器，每秒更新一次倒计时时间。
(3) 使用 formatTime 方法将剩余时间转换为时分秒格式，并显示在页面上。
(4) 定时器倒计时至 0 时，触发 stop 事件，通知父组件。
(5) 在组件销毁前清除定时器。

上述代码使用了 Vue 的 props 属性接收父组件传递的数据，以及 computed 属性实时计算倒计时显示的时间。同时也包含了一些 CSS 样式来美化倒计时显示界面。

最后，在父组件中引用 set-timeout 组件，并传入考试时间（以分钟为单位）。这样，倒计时结束时自动触发 stop 事件，示例代码如下：

```vue
<template>
    <view>
        <set-timeout @stop='stop' :expire='60'></set-timeout>
    </view>
</template>
```

通过以上代码示例，实现了在 uni-app 中开发考试详情页面倒计时功能的完整流程。倒计时功能不仅能提醒用户考试结束的时间，还能帮助用户更好地规划时间，增强用户体验。

8.4 考试详情页面的底部导航

在本节中，我们将学习如何开发考试详情页面的底部导航组件。通过该底部导航组件，用户可以轻松地在试题之间进行切换，了解当前试题的序号及总题数，并可以方便地提交试卷。底部导航效果图如图 8-2 所示。

图 8-2 底部导航效果图

接下来，在项目的 components 目录下新建一个名为 test-menu 的底部导航页面组件，示例代码如下。

```vue
<template>
    <view class="test-footer">
        <view class="test-menu">
            <view @click="pre">
                <image src="../../static/left.png" mode="widthFix"></image>
            </view>
            <view class="item1">
                <image src="../../static/menu.png" mode="widthFix"></image>
                <text>{{current}}/{{total}}</text>
            </view>
            <view class="item1" @click="submit">
                <image src="../../static/sub.png" mode="widthFix"></image>
                <text>交卷</text>
            </view>
            <view @click="next">
                <image src="../../static/right.png" mode="widthFix"></image>
            </view>
        </view>

    </view>
</template>

<script>
    export default {
        name: "test-menu",
        props: {
            //当前试题
            current: {
                type: Number,
                default: 1
            },
            //总题数
            total: {
                type: Number,
                default: 5
            }
        },
        data() {
            return {

            };
        },
        methods: {
            //上一题
            pre(){
                if(this.current <= 1){
                    uni.showToast({
                        title: '已经是第一题啦',
                        icon: 'none'
                    });
                    //没有上一页
                    return
```

```
            }
            //通知父组件修改 current
            this.$emit('onCurrent', this.current - 1)
        },
        //下一题
        next(){
            if(this.current >= this.total){
                //没有下一页
                uni.showToast({
                    title: '已经最后一题啦',
                    icon: 'none'
                });
                return
            }
            
            //通知父组件修改 current
            this.$emit('onCurrent', this.current + 1)
        },
        //交卷
        submit(){
            //通知父组件
            this.$emit('submit')
        }
    }
  }
</script>

<style>
    .test-footer{
        width: 100%;
        border-top: 1px solid #dbdbdb;
        position: fixed;
        bottom: 0;
    }
    
    .test-menu{
        display: flex;
        justify-content: space-around;
        padding-top: 15rpx;
        padding-bottom: 15rpx;
        align-items: center;
    }
    .test-menu image{
        width: 45rpx;
        height: 45rpx;
    }
    
    .item1{
        display: flex;
        flex-direction: column;
        text-align: center;
        font-size: 25rpx;
        color: #8a8a8a;
```

```
    }
</style>
```

【代码解析】

上述组件包含了"上一题""下一题"和"交卷"3个按钮,以及显示当前题号和总题数的信息。

在模板部分,定义了一个底部容器(.test-footer),内部有一个菜单容器(.test-menu),里面包含了4个视图(view),分别代表"上一题"按钮、当前题号信息、"交卷"按钮和"下一题"按钮。其中,单击上一题按钮时调用 pre 方法,单击"下一题"按钮调用 next 方法,单击"交卷"按钮调用 submit 方法。

在数据层,props 包含 current(当前题号)和 total(总题数)两个属性。methods 部分包含 pre 方法(上一题)、next 方法(下一题)和 submit 方法(交卷),分别用于处理单击事件逻辑。pre 和 next 方法内部会判断当前题号是否超出范围,并通过 this.$emit 通知父组件更新当前题号。submit 方法则直接通知父组件提交试卷。

在样式部分,定义了.test-footer 和.test-menu 两个样式类,用于设置底部容器和菜单容器的样式。其中.test-menu 设置了 flex 布局,使4个视图水平分布。另外,设置了图片和文字的样式。

最后,需要在父组件中引用 test-menu 组件并传入相应的 props,示例代码如下。

```vue
<template>
    <view>
        <test-menu :current="current" :total="total" @onCurrent="onCurrent"></test-menu>
    </view>
</template>

<script>
    export default {
        data() {
            return {
                current: 1,
                total: 5
            }
        },
        methods: {
            //切换试题
            onCurrent(current){
                this.current = current
            }
        }
    }
</script>
```

【代码解析】

在父组件中,设置了 current 和 total 两个 props 的初始值,并编写了 onCurrent 方法以处理试题切换事件。只需在父组件中使用 test-menu 组件并传入相应数据，即可在考试详情页面中轻松使用底部导航菜单。

通过以上示例代码，成功实现了考试页面底部导航的封装，使用户能够更加便捷地进行试题切换和试卷提交操作。

8.5 考试详情页面的题型分类及标题渲染

在项目开发时，经常需要在页面中展示不同类型的内容，并根据其类型显示对应的样式或处理逻辑。本节将实现对不同题型的分类，包括单选题、多选题、判断题、问答题和填空题，并展示这些题目的标题在页面上的渲染。

1. 模拟考试数据准备

首先，模拟从服务器端返回的考试试题，在 test-start 页面中准备考试数据。创建一个 list 数组，数组中的每个对象代表一个题目，包括题目的编号（id）、分数（score）、题目的唯一标识（question_id）、题目标题（title）、备注（remark）、题目类型（type）以及用户的答案或选择（user_value）。

示例代码如下：

```vue
data() {
  return {
    //…
    list: [
      {
        "id": 1,
        "score": 10,
        "question_id": 11,
        "title": "这是一个问答题",
        "remark": "",
        "type": "answer",
        "user_value": [""]
      },
      {
        "id": 2,
        "score": 10,
        "question_id": 12,
        "title": "这是一个填空题",
        "remark": "",
        "type": "completion",
        "user_value": [""]
      },
      {
        "id": 3,
        "score": 10,
        "question_id": 13,
        "title": "这是一个判断题",
        "remark": "",
        "type": "trueOrfalse",
```

```
            "options": ["正确", "错误"],
            "user_value": -1
        },
        {
            "id": 4,
            "score": 10,
            "question_id": 14,
            "title": "这是一个多选题",
            "remark": "",
            "type": "checkbox",
            "options": ["张三", "李四", "王五", "王五哈"],
            "user_value": []
        }
        // ...
    ]
}
```

2. 定义题型转换方法

在 methods 中定义转换方法，传入题目的类型（type）值，返回该类型对应的名称。使用一个对象存储不同类型的题目名称，通过传入的 type 值获取对应的题目类型名称。

示例代码如下。

```vue
methods: {
    formatType(type) {
        let obj = {
            answer: '问答题',
            completion: '填空题',
            trueOrfalse: '判断题',
            checkbox: '多选题',
            radio: '单选题'
        }
        return obj[type]
    }
}
```

3. 计算属性获取题目及题型

通过 computed 计算属性，可以根据当前选中的题目编号（current）获取当前题目的具体内容和题型名称。这样可以方便地在页面上渲染题目的标题和类型。

示例代码如下。

```vue
computed: {
    selectQ() {
        return this.list[this.current - 1] || {}
    },
    typeName() {
        return this.formatType(this.selectQ.type)
```

```
    }
}
```

4. 将题目及题型渲染到视图层

最后，在页面的 template 部分，可以将获取的题目及题型渲染到视图层，展示给用户。通过条件渲染，可以根据题目类型显示不同的样式或处理逻辑。

示例代码如下：

```vue
<view class="">
   <view class="t_title">
      <text>( {{typeName}} )</text>
      <text>{{current}}、{{selectQ.title}}</text>
   </view>
</view>
```

通过上述代码示例，实现了对服务器返回的考试试题进行题型分类，并在页面中渲染出题目的标题。这种方式可以帮助学生更加清晰地了解每道题目的类型，提高学习效率。

8.6 考试详情页面的填空组件数据绑定

在开发考试详情页面的填空题组件时，需要为问答题和填空题分别实现填空组件，其中问答题和填空题的区别在于，问答题只能有一个答案，而填空题可以有多个答案。接下来，将实现问答题和填空题的双向数据绑定，以展示每道题在 list 数组中的表示。

首先，让我们看看问答题和填空题的数据结构，示例代码如下。

```javascript
list: [{
    "id": 1,
    "score": 10,
    "question_id": 11,
    "title": "这是一个问答题",
    "remark": "",
    "type": "answer",
    "user_value": [
        // 只有一个值
        ""
    ]
},
{
    "id": 2,
    "score": 10,
    "question_id": 12,
    "title": "这是一个填空题",
    "remark": "",
    "type": "completion",
```

```
    "user_value": [
        // 可能有多个值
        ""
    ]
}]
```

在上述代码中，user_value 属性表示用户添加的答案，初始均为空字符串。接下来，将在视图层中实现双向数据绑定。

在之前的章节中，已经在计算属性中获取了当前题目对象 selectQ，因此可以很容易地实现双向数据绑定。以下是问答题和填空题的双向数据绑定示例代码。

- 问答题双向数据绑定的示例代码如下。

```vue
<textarea class="textareaStyle" v-if="selectQ.type==='answer'" placeholder="请输入答案..."
v-model="selectQ.user_value[0]" />
```

填空题双向数据绑定的示例代码如下。

```vue
<view class="" v-if="selectQ.type==='completion'">
    <textarea v-for="(item, i) in selectQ.user_value" :key="i" class="textareaStyle"
placeholder="请输入答案..." v-model="selectQ.user_value[i]" />
    <view class="add" @click="addCompletion">
        添加
    </view>
</view>
```

由于填空题可以有多个答案，因此使用 v-for 指令进行循环遍历。当单击"添加"按钮时，将触发 addCompletion 事件。以下是 addCompletion 事件处理函数的示例代码。

```javascript
// 添加填空
addCompletion() {
    this.selectQ.user_value.push('')
}
```

通过以上代码，实现了填空组件的双向数据绑定。在考试详情页面中，用户可以方便地填写问答和填空题的答案，同时实现数据的实时绑定和展示。

8.7 考试详情页面的单选组件及判断组件数据绑定

在项目开发中，实现考试详情页面中单选和判断组件的数据绑定是非常常见的需求。借助组件化的开发思想，可以轻松实现这一功能，从而提升代码的复用性和可维护性。在本节中，我们将通过创建一个名为 test-opt 的组件来展示如何进行数据绑定，并在父组件中引用该组件以完成单选题和判断题的交互。

1. 创建 test-opt 组件

首先，在 components 目录下新建一个名为 test-opt 的组件，在该组件中实现单选和判断组件的数据绑定。以下是 test-opt 组件的示例代码。

```html
<template>
    <view class="opt" :class="{active:checked}" @click="$emit('clickOk',index)">
        <text>{{indexType}}</text>{{label}}
    </view>
</template>

<script>
export default {
    name: "test-opt",
    props: {
        // 索引
        index: {
            type: Number,
            default: 0
        },
        // 选项内容
        label: {
            type: String,
            default: '1'
        },
        // 选中状态
        checked: {
            type: Boolean,
            default: false
        },
    },
    data() {
        return {

        };
    },
    computed: {
        indexType() {
            let obj = {
                0: 'A',
                1: 'B',
                2: 'C',
                3: 'D'
            }
            return obj[this.index]
        },
    },
}
</script>

<style>
.opt {
    width: 100%;
```

```
    border: 1px solid #dbdbdb;
    box-sizing: border-box;
    font-size: 26rpx;
    padding: 15rpx;
    border-radius: 5rpx;
    margin-bottom: 20rpx;
}
.active {
    color: #409eff !important;
    border: 1px solid #409eff !important;
}
.opt text {
    padding-right: 10rpx;
}
</style>
```

【代码解析】

上述代码是一个单选组件，用于显示一个选项。组件包含一个 view 元素，其中包含了选项的内容和状态。当选项被单击时，触发 clickOk 事件，并传递 index 参数。

在组件的 props 中定义了三个属性：index 表示选项的索引，label 表示选项的内容，checked 表示选中状态。

在 computed 属性中定义了一个计算属性 indexType，根据 index 的值返回对应的字母（A/B/C/D）。

在样式部分定义了选项的样式，包括边框、字体大小、内边距等，同时定义了选中状态下的样式。

2. 在父组件中引用 test-opt 组件

接下来，在父组件中引用 test-opt 组件并传递必要的属性，如索引、选项内容、选中状态等。在父组件中，可以直接遍历选项数组，将每个选项的索引和内容传递给 test-opt 组件，并根据用户单击的选项更新数据。以下是在父组件中的示例代码。

```vue
<!-- 单选或判断题展示 -->
<view class="" v-else-if="selectQ.type=='trueOrfalse'||selectQ.type=='radio'">
    <test-opt v-for="(item, i) in selectQ.options"
 :key="i" :index="i" :label="item" @clickOk="clickOkFn"
        :checked="selectQ.user_value==i"></test-opt>
</view>
```

在父组件中，通过 v-for 指令遍历题目选项数组 selectQ.options，为每个选项创建一个 test-opt 组件，传递索引、选项内容、单击事件处理函数和选中状态等属性。当用户单击某个选项时，父组件的 clickOkFn 事件处理函数将被触发。

3. 实现数据双向绑定

通过上述代码，实现了单选题和判断题的展示与交互，但还需要实现数据的双向绑定。在单击事件处理函数 clickOkFn 中，可以根据题目类型更新用户选择的答案。以下是 clickOkFn 事件处理函数的示例代码。

```vue
clickOkFn(val) {
    console.log(val);
    // 单选或判断题
    if (this.selectQ.type == 'radio' || this.selectQ.type == 'trueOrfalse') {
        this.selectQ.user_value = val;
        return;
    }
}
```

在 clickOkFn 事件处理函数中，根据题目类型，将用户选择的索引赋给题目的 user_value 属性，从而实现数据的双向绑定。通过这种方式，完成了单选题和判断题的交互功能。

通过以上代码示例，实现了考试详情页面中单选和判断组件的数据绑定。通过组件化的方式，提高了代码的复用性和可维护性，使开发工作更加高效。

8.8 考试详情页面的多选组件数据绑定

本节将重点讲解考试详情页面中多选组件的数据绑定。在考试详情页面中，通常会有多项选择题，包括单选和多选，通过使用同一个组件实现这两种选择，可以极大地简化开发过程。这里将使用 test-opt 组件实现多选功能，只需传入选项内容及选择状态即可轻松实现多选功能。

首先，在视图层使用 v-else-if 指令循环遍历多选选项，并呈现在页面上，示例代码如下。

```vue
<!-- 多选 -->
<view class="" v-else-if="selectQ.type=='checkbox'">
    <test-opt v-for="(item,i) in selectQ.options"
:key="i" :index="i" :label="item" @clickOk='clickOkFn'
        :checked="typeCheck(i)"></test-opt>
</view>
```

通过使用 v-for 指令遍历当前题目的 options 属性，可以将所有选项展示在页面上。

接着，在 clickOkFn 事件处理函数中，需要判断当前选项是否被选中。如果该选项之前未被选中，则将其加入 selectQ.user_value 数组，完成数据绑定；如果之前已被选中，则调用数组的 splice 方法进行删除操作。以下是示例代码。

```vue
clickOkFn(val) {
    console.log(val)
    if (this.selectQ.type == 'radio' || this.selectQ.type == 'trueOrfalse') {
        // 单选处理逻辑
    } else {
        // 多选处理逻辑
        let index = this.selectQ.user_value.findIndex(item => item == val)
        if (index == -1) {
            this.selectQ.user_value.push(val)
        } else {
```

```
            this.selectQ.user_value.splice(index, 1)
        }
    }
}
```

在上述代码中,根据题目类型的不同分别处理单选和多选逻辑,确保数据能正确地绑定到用户选择的选项上。

最后,在 typeCheck() 方法中,通过判断 selectQ.user_value 数组中是否包含用户单击的索引来确定 checked 属性的值,示例代码如下。

```vue
// 多选过滤
typeCheck(i) {
    return this.selectQ.user_value.includes(i)
}
```

如果 selectQ.user_value 数组中包含了用户单击的索引,则返回 true,说明该选项被选中;否则返回 false,表示未被选中。

通过以上代码片段的应用,实现了多选组件的数据绑定功能。在考试详情页面中,用户可以轻松选择题目的多个选项,并随时查看自己的选择情况。这种便捷而高效的设计,不仅提升了用户体验,也使得开发过程更加简单快捷。

8.9 获取考试试题数据交互

本节将深入讨论如何实现考试试题的数据交互,不再简单地通过模拟数据在前端展示,而是通过服务器端获取真实的试题数据,并将其动态地赋值给列表数组,让应用更具有可操作性和实用性。

首先,让我们查看一下如何获取考试试题的 API。通过请求 URL:mobile/testpaper/read?id=111,以 GET 方式发送请求来获取试题数据。以下是定义获取考试题目的 API 方法,示例代码如下。

```javascript
// 获取考试题目
export const testStart = (id) => {
    return api.get(`mobile/testpaper/read?id=${id}`);
}
```

通过查看接口文档,需要传入考试 id 获取试题数据。那么,考试 id 是如何获取的呢?在考场列表页面中,当用户单击立即测试按钮时,就需要传入对应的考试 id,示例代码如下。

```vue
<view class='ubtn' @click="submitOk(item.id)">
    {{item.is_test ? '考试完成' : '立即测试'}}
</view>
```

我们可以在函数 submitOk(id)中获取单击的考试 id,并弹出参加考试的确认框。用户确认后将跳转到考试详情页面，示例代码如下。

```vue
submitOk(id) {
    console.log(id);
    uni.showModal({
        content: '是否参加考试？',
        success: (res) => {
            if (!res.confirm) {
                return;
            }
            // 确定参加考试
            uni.navigateTo({
                url:`/pages/test-start/test-start?id=${id}`
            });
        }
    });
}
```

在考试详情页面中，通过 onLoad 生命周期获取传递过来的考试 id，示例代码如下。

```vue
onLoad(options) {
    // 获取考场 id
    console.log(options.id);
}
```

获取考试 id 后，就可以引用并调用 API 请求方法，从服务器端获取试题数据，示例代码如下。

```vue
import {
    testStart
} from '../../services/api/test.js';

methods: {
    // 获取考试试题
    async getTestList(id) {
        uni.showLoading({
            title: '加载中'
        });
        const res = await testStart(id);
        uni.hideLoading();
        console.log(res);
        this.list = res.testpaper_questions;
        this.expire = res.expire;
        this.user_test_id = res.user_test_id;
        this.total = this.list.length;
        if (this.total > 0) {
            this.current = 1;
        }
    }
}
```

最后，在 onLoad 生命周期函数中调用上述方法，实现了服务器试题列表数据的渲染，并实时更新了考试时间、题库总数和当前试题等属性。

通过上述代码，成功实现了从服务器获取试题数据，并在前端动态展示的功能。这不仅提升了应用的实用性，还使用户能够更方便地进行考试测试。

8.10　考试交卷数据交互

前面已经实现了试题答案和用户输入的双向数据绑定，接下来，将进一步完善功能，实现"交卷"按钮的单击事件，并通过数据交互的形式将用户的答卷提交到服务器端进行保存。

在添加交卷功能之前，首先需要判断用户是否已经完成所有题目的答题。如果用户还有未完成的题目，需要给予用户相应的提示。这一逻辑可以通过在计算属性中定义一个方法来实现，示例代码如下。

```vue
computed: {
  // 判断哪些题目没有做
  noTest() {
    let arr = []
    this.list.forEach((item, index) => {
      if (((item.type == 'answer' || item.type == 'completion') && !item.user_value[0]) ||
        ((item.type == 'trueOrfalse' || item.type == 'radio') && item.user_value == -1) ||
        (item.type == 'checkbox' && item.user_value.length == 0)) {
        arr.push(index + 1)
      }
    })
    return arr
  }
}
```

接下来，需要为"交卷"按钮绑定单击事件。单击"交卷"按钮将触发 submit 事件，这一事件中将判断用户是否已完成所有题目，并给出相应的交互，示例代码如下。

视图层代码如下。

```vue
<test-menu :current='current' :total='total' @onCurrent='onCurrent' @submit='submit'>
</test-menu>
```

数据层业务逻辑代码如下。

```javascript
submit() {
  console.log('交卷')
  // 先提示哪些题目没有完成
  if (this.noTest.length > 0) {
    uni.showModal({
      content: `未作答题目：${this.noTest.join(',')}`,
```

```
      showCancel: false
    });
    return
  }
  uni.showModal({
    content: '是否交卷',
    success: (res) => {
      if (!res.confirm) {
        return
      }
      console.log('交卷逻辑')
      this.sendTest()
    }
  });
}
```

在用户完成试卷的情况下,单击"交卷"按钮后弹出确认交卷的提示框。如果用户确认交卷,则执行 sendTest()方法进行交卷逻辑。接下来,我们来看一下交卷的 API 定义。

- 请求 URL 地址:mobile/user_test/save。
- 请求方式:POST。
- 请求参数如下。
  - user_test_id:考试 ID。
  - value:考试答案。

接下来,根据接口文档的定义发送交卷请求,示例代码如下。

```javascript
// 交卷
export const testSubmitOk = (data) => {
  return api.post('mobile/user_test/save', data)
}
```

然后,在考试页面引用该方法并进行调用。

```vue
import {
  testSubmitOk
} from '../../services/api/test.js';

// 确认交卷
async sendTest() {
  uni.showLoading({
    title: '交卷中...',
    mask: false
  })
  const res = await testSubmitOk({
    user_test_id: this.user_test_id,
    value: this.list.map(item => {
      return item.user_value
    })
  })
```

```
    uni.hideLoading()
    console.log(res)
    uni.navigateBack({
      delta: 1
    })
  }
```

【代码解析】

上述代码展示了交卷逻辑的具体实现。当用户单击"确定交卷"按钮时，sendTest()方法被调用，试卷答案将被提交到服务器端，并返回上一页。

在项目开发中，考试交卷数据交互功能的实现是非常关键的一部分。通过以上的示例代码，已经完成了"交卷"按钮的单击事件绑定，用户答卷情况的判断，以及答卷数据提交到服务器的逻辑。这些功能的实现将为用户提供更便捷、高效的考试体验。

8.11 自动交卷及监听页面返回

本节将介绍如何通过倒计时功能实现自动交卷，并在用户单击"返回"按钮时进行页面监听，确保考试信息不会意外丢失。

首先，让我们查看一下实现自动交卷的功能。在考试详情页面中，通过 set-timeout 组件实现倒计时功能。当倒计时为 0 时，通知父组件定时器结束，以便自动提交试卷。set-timeout 组件的示例代码如下。

```vue
// 倒计时
handleTimeOut(){
    if(this.time_out == 0){
        // 通知父组件定时器结束
        this.$emit('stop');
        clearInterval(timer01);
        return;
    }
    this.time_out--;
}
```

在父组件中，需要监听 stop 方法，以便在定时器结束时自动提交试卷，示例代码如下。

```vue
<set-timeout @stop='stop' :expire='expire'></set-timeout>
```

接着，在数据层定义 stop 方法，并在其中调用提交试卷的函数。

```javascript
// 定时器结束
stop() {
    // 自动提交试卷
    this.sendTest();
```

```
}
```

通过上述代码，当定时器时间结束时，执行自动交卷操作。

此外，在 uni-app 中，还可以对页面进行监听，以防止用户在考试过程中不小心单击"返回"按钮导致信息丢失。在页面中定义一个 isback 属性控制是否允许返回，并且监听页面返回事件，示例代码如下。

```vue
//监听页面返回
onBackPress() {
    // 真正返回的时候才返回 false
    if(this.isback) {
        return false;
    }
    // 拦截返回
    uni.showModal({
        content: '是否要放弃这场考试？',
        success: (res) => {
            if(res.confirm) {
                this.isback = true;
                uni.navigateBack({
                    delta: 1
                });
            }
        }
    });
    return true;
}
```

【代码解析】

在上述代码中，当用户单击"返回"按钮时，弹出对话框提示是否需要放弃考试。只有在用户单击"确定"按钮的情况下，才会执行退出操作，否则将继续保持页面不可返回状态，以确保考试信息的完整性。

第 9 章　优惠券模块

在本章中，我们将深入剖析项目中优惠券模块的各个关键功能。首先，将详细讲解用户在领取优惠券时的数据交互过程，这不仅包括优惠券信息的获取，还涉及如何实时更新优惠券的状态，以确保用户始终能看到最新的优惠信息。

接下来，将讨论个人中心的设计，特别是优惠券列表的布局。我们将逐步引导你构建一个直观、易用的优惠券管理界面，让用户可以方便地查看和管理已领取的优惠券。同时，还将深入探讨个人中心优惠券列表的数据交互机制，确保用户操作的流畅性和数据的准确性。

通过本章的学习，你将全面掌握优惠券模块的实现方法，提升你的项目体验，使用户享受更便捷、更实用的优惠券功能。

9.1　优惠券领取功能数据交互

在本项目中，实现优惠券领取功能是一个非常重要的需求。在之前的开发中，已经成功将优惠券列表展示在首页上，效果图如图 9-1 所示。

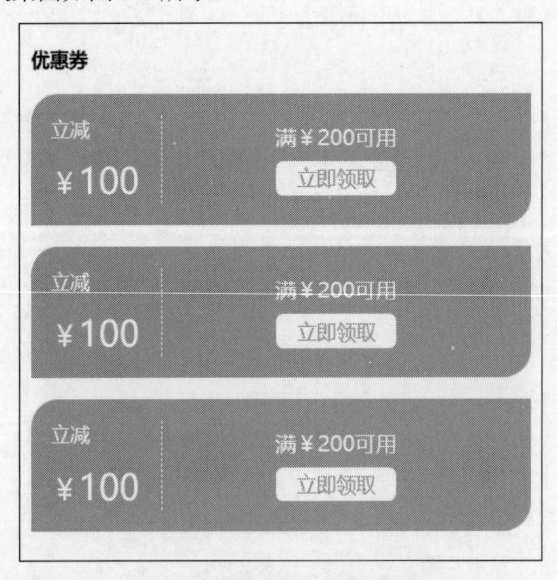

图 9-1　首页优惠券效果图

接下来，本节将重点讲解如何实现领取优惠券的功能及相关的数据交互。

首先，让我们查看一下领取优惠券的 API 文档，以便准确地进行数据交互。
- 请求 URL：mobile/user_coupon/receive。
- 请求方式：POST。
- 请求参数：coupon_id（优惠券 ID）。

1. 发送请求 API 方法

需要在 api 目录下的 index.js 中定义发送请求的 API 方法，示例代码如下。

```javascript
export const getUserCoupon = (data) => {
    return api.post('mobile/user_coupon/receive', data);
}
```

2. 调用领取优惠券方法

在首页文件中，为领取优惠券按钮绑定单击事件，并传递优惠券 ID，示例代码如下。

```vue
<view class="content">
    <view class="yhq" v-for="item in couponData" :key="item.id">
        <view>
            <text>立减</text>
            <text>￥</text>
            <text>{{item.price}}</text>
        </view>
        <view>
            <text>{{item.value.title}}</text>
            <text @click="getCouponOk(item)">{{item.isgetcoupon ? '已领取' : '立即领取'}}</text>
        </view>
    </view>
</view>
```

在以上代码中，定义了 getCouponOk() 方法处理优惠券的领取操作。接下来，在数据层引用 getUserCoupon() 方法并进行调用，示例代码如下。

```vue
import { getUserCoupon } from '../../../services/api/index.js'

methods: {
    async getCouponOk(item) {
        if (item.isgetcoupon) {
            uni.showToast({
                title: '已领取',
                icon: 'none'
            })
            return;
        }
        uni.showLoading({
            title: '领取中',
            mask: false
```

```
        })
        console.log(item.id)
        const res = await getUserCoupon({ coupon_id: item.id })
        uni.hideLoading()
        console.log(res)
        if (res !== 'ok') {
            return;
        }
        item.isgetcoupon = true;
    }
}
```

在 getCouponOk()方法中，首先判断用户是否已经领取此优惠券，如果是，则显示"已领取"提示；否则，显示"领取中"的提示，并调用 getUserCoupon()方法进行优惠券领取操作。领取成功后，将 item.isgetcoupon 设置为 true，页面实时更新展示领取状态。

通过以上代码的实现，完成了领取优惠券的功能，并实现了数据交互。在实际项目中，可以根据具体需求对领取优惠券的逻辑进行进一步扩展，以提升用户体验。

9.2 实时更新优惠券状态

目前，用户登录或者退出时，并不能实时更新优惠券领取状态，本节将介绍如何利用 Vuex 仓库和全局事件实现实时更新优惠券状态的功能。

在 Vuex 仓库中，我们已定义好登录和退出登录的功能，现在只需定义两个全局事件即可，示例代码如下。

```javascript
// 在 Vuex 的 index.js 中
login(state, userInfo) {
    state.userInfo = userInfo;
    state.token = userInfo.token;
    // 数据持久化
    uni.setStorage({
        key: 'userInfo',
        data: JSON.stringify(userInfo)
    });
    uni.$emit('userLogin', userInfo);
},
logoutFn(state) {
    state.userInfo = null;
    state.token = '';
    uni.removeStorage({
        key: 'userInfo',
        success: function () {
            console.log('userInfo token removed successfully');
        }
    });
    uni.$emit('userLogOut');
```

```
}
```

在上述代码中，通过 Vuex 的 login 和 logoutFn 方法处理用户登录和退出登录的操作，并使用 uni.$emit 触发全局事件。

接下来，打开首页文件，在页面文件中定义方法 getDataCoupon 来获取优惠券列表，并在 created() 生命周期函数中调用该方法，并监听全局的登录和退出事件，示例代码如下。

```vue
created() {
   // 监听登录全局事件
   uni.$on('userLogin', this.getDataCoupon);
   // 监听退出全局事件
   uni.$on('userLogOut', this.getDataCoupon);

   // 获取优惠券
   this.getDataCoupon();
},
methods: {
   // 获取优惠券列表
   async getDataCoupon() {
      const res = await getCouponData('mobile/coupon');
      console.log(res);
      this.couponData = res;
   },
}
```

在上述代码中，在 created() 生命周期函数中监听全局的登录和退出事件，一旦触发则调用 getDataCoupon 方法获取最新的优惠券列表数据。

最后，在页面销毁时，需要注销监听的全局事件，以免出现内存泄漏的情况，示例代码如下。

```javascript
destroyed() {
   uni.$off('userLogin', this.getDataCoupon);
   uni.$off('userLogOut', this.getDataCoupon);
}
```

通过以上的代码，实现了实时更新优惠券状态的功能。当用户登录或退出登录时，优惠券状态能够实时更新，从而提升用户体验和使用便利。

9.3 个人中心优惠券列表布局

本节将实现个人中心优惠券列表的布局，在本节中，我们将深入探讨如何在个人中心页面中展示已领取或已过期的优惠券，并通过示例代码展示如何实现优惠券列表的布局。

优惠券列表效果图如图 9-2 所示。

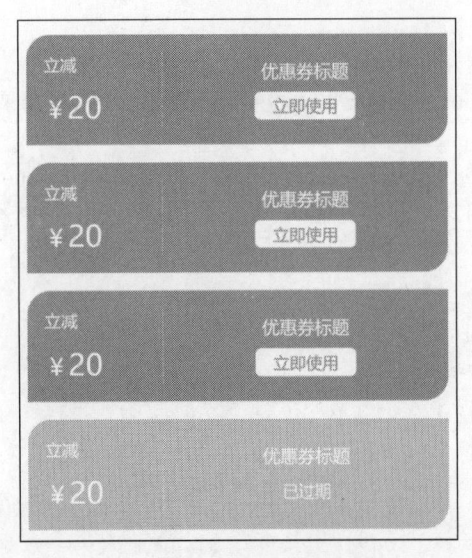

图 9-2　优惠券列表效果图

首先，需要在 uni-app 项目的 pages 目录下新建一个名为 my-coupon 的页面，用于展示个人中心中的优惠券列表。当用户单击个人中心中的优惠券入口时，将通过以下代码实现跳转到 my-coupon 页面。

```vue
<view class="item" @click="$authToLink('/pages/my-coupon/my-coupon')">
    <text class="iconfont icon-wodeyouhuiquan "></text>
    <text>优惠券</text>
</view>
```

在 my-coupon 页面的视图层代码中，将展示优惠券的具体信息，示例代码如下。

```vue
<view class="yhq" v-for="(item, i) in 3" :key="i">
    <view class="">
        <text style="display: block; padding-bottom: 20rpx;">立减</text>
        <text style="font-size: 40rpx;">￥</text>
        <text style="font-size: 50rpx;">20</text>
    </view>
    <view class="">
        <text style="font-size: 30rpx;" class="v01">优惠券标题</text>
        <text class="spanone">立即使用</text>
    </view>
</view>
```

在上面的代码中，使用 v-for 指令循环渲染 3 个优惠券项，展示了优惠券的立减金额和标题，并提供了"立即使用"的按钮。

接下来，需要为优惠券列表设计样式，在 CSS 样式代码中实现如下布局。

```css
```

```
.yhq {
    background-color: #F7A701;
    margin-top: 30rpx;
    padding: 30rpx;
    color: #fff;
    display: flex;
    border-top-left-radius: 40rpx;
    border-bottom-right-radius: 40rpx;
}
.yhq > view:nth-child(1) {
    border-right: 1px dashed #fff;
    width: 200rpx;
}
.yhq > view:nth-child(2) {
    flex: 1;
    display: flex;
    align-items: center;
    justify-content: center;
    flex-direction: column;
    padding-left: 30rpx;
}
.spanone {
    background: #fff;
    color: #F7A701;
    padding-left: 30rpx;
    padding-right: 30rpx;
    margin-top: 15rpx;
    padding-top: 5rpx;
    padding-bottom: 5rpx;
    border-radius: 10rpx;
}
.active {
    background-color: #dbdbdb !important;
}
.active .spanone {
    background: #dbdbdb !important;
    color: #fff !important;
}
```

在以上 CSS 样式代码中，为优惠券列表项设计了具体布局样式，包括背景色、圆角、间距、文字样式等。通过给过期的优惠券添加 active 类，可以直观地区分已过期的优惠券并调整样式。

通过上述代码示例，已经实现了优惠券列表的布局，用户可以清晰地看到已领取或已过期的优惠券信息。这样的布局不仅能提升用户体验，还能让用户更便捷地管理自己的优惠券信息。

9.4 个人中心优惠券列表数据交互

在本节中，将通过与服务器端的数据交互，展示用户的优惠券信息，让用户快速了解并使用自己的优惠券。将通过 API 文档定义请求 URL 地址和参数，并在视图层中渲染优惠券列表，同时判断优惠券是否已过期或已使用。

首先，让我们查看一下优惠券列表的 API 文档。
- 请求地址：mobile/user_coupon。
- 请求方式：GET。
- 请求参数：page（分页页码）和 limit（分页条数）。

接下来，打开 api 目录下的 index.js 文件，根据接口文档定义发送请求的 API 方法，示例代码如下。

```javascript
// api/index.js
export const getMyCouponList = (params) => {
    return api.get('mobile/user_coupon', params);
}
```

在页面 my-coupon.vue 中引用并调用 getMyCouponList()方法，实现与服务器端的数据交互。以下是数据层的具体代码。

```javascript
// my-coupon.vue
import { getMyCouponList } from '/services/api/index.js';

export default {
    data() {
        return {
            queryData: {
                page: 1,
                limit: 2
            },
            couponList: [],
            loadStatus: 'loading',
        }
    },
    created() {
        this.getData();
    },
    onPullDownRefresh() {
        this.queryData.page = 1;
        this.getData();
        uni.stopPullDownRefresh();
    },
    onReachBottom() {
        this.loadMoreHandle();
    },
    methods: {
        loadMoreHandle() {
            if (this.loadStatus !== 'more') {
                return;
            }
            this.queryData.page = this.queryData.page + 1;
```

```
        this.getData();
    },
    async getData() {
        let page = this.queryData.page;
        const res = await getMyCouponList(this.queryData);
        this.couponList = page === 1 ? res.rows : [...this.couponList, ...res.rows];
        this.loadStatus = res.rows.length < this.queryData.limit ? 'noMore' : 'more';
    }
}
```

【代码解析】

上述代码用于在页面中展示用户的优惠券列表，包括以下功能。

（1）在页面加载时调用 created 钩子函数，并调用 getData 方法获取第一页的优惠券数据。

（2）当用户下拉页面时，调用 onPullDownRefresh 方法，重置查询条件并重新获取数据。

（3）当页面滚动到底部时，调用 onReachBottom 方法，加载更多数据。

（4）getData 方法中调用了一个异步函数 getMyCouponList 来获取优惠券数据，并根据返回的结果更新页面的优惠券列表和加载状态。

在上述代码中，重点在于通过 getData 方法请求数据，并根据请求的结果动态更新页面展示的内容。

在视图层中，可以根据获取的优惠券数据进行展示，以下是视图层代码。

```vue
<!-- my-coupon.vue -->
<view class="content" style="padding-bottom: 100rpx;">
    <view class="yhq" v-for="item in couponList" :key="item.id">
        <view>
            <text style="display: block; padding-bottom: 20rpx;">立减</text>
            <text style="font-size: 40rpx;">￥</text>
            <text style="font-size: 50rpx;">{{ item.price }}</text>
        </view>
        <view>
            <text style="font-size: 30rpx" class="v01">{{ item.title }}</text>
            <text class="spanone">立即使用</text>
        </view>
    </view>
    <view class="more">
        <!-- 上拉加载更多组件 -->
        <uni-load-more :status="loadStatus"></uni-load-more>
    </view>
</view>
```

接下来，需要判断优惠券是否已过期或已使用。在 methods 中定义 formatList 方法进行判断，示例代码如下。

```vue
// my-coupon.vue
formatList(list) {
    list.forEach(v => {
```

```
        const now = new Date().getTime();
        const end = new Date(v.end_time).getTime();
        v.expired = end < now;
        v.btn = v.used === 1 ? '已使用' : (v.expired ? '已过期' : '立即使用');
    });
    return list;
}
```

【代码解析】

上述代码用于格式化优惠券列表。传入一个包含优惠券信息的数组列表,对每个优惠券进行处理,判断是否已过期,并根据不同的条件给优惠券添加对应的状态文本。

代码中的逻辑如下。

(1) 遍历传入的优惠券列表 list,对每一个优惠券对象 v 进行如下操作。

(2) 获取当前时间戳 now 和优惠券截止时间的时间戳 end(end_time 为优惠券对象中的截止时间属性)。

(3) 判断优惠券是否已过期,将结果保存在 v.expired 属性中(如果 end 小于 now,说明已过期)。

(4) 根据优惠券是否已使用和是否已过期的情况,设置按钮文本内容,并保存在 v.btn 属性中。如果优惠券已使用,则按钮文本为"已使用";如果已过期,则按钮文本为"已过期";如果未使用且未过期,则按钮文本为"立即使用"。

(5) 最后返回处理后的优惠券列表。

在获取服务器端返回的数据之后,调用 formatList() 方法来判断优惠券状态,示例代码如下。

```vue
// my-coupon.vue
async getData() {
    let page = this.queryData.page;
    const res = await getMyCouponList(this.queryData);
    res.rows = this.formatList(res.rows);
    console.log(res);
}
```

通过 formatList() 方法的转化,可以在视图层直接渲染。如果 btn 属性值不等于"立即使用",则添加 active 属性,示例代码如下。

```vue
<!-- my-coupon.vue -->
<view :class="item.btn === '立即使用' ? 'yhq' : 'yhq active'">
    <!-- ... -->
</view>
```

通过上述代码的实现,可以进行优惠券列表的数据交互,展示用户当前的优惠券信息,并帮助用户方便快速地使用优惠券。这个功能不仅提升了用户体验,也提高了用户参与活动的积极性。

第 10 章 论坛模块

在本章中，我们将深入探讨项目中论坛模块的开发。首先，详细讲解论坛列表页面的样式布局，包括如何设计一个直观且美观的界面，使用户能够方便地浏览和参与各种讨论。接着，将探讨论坛社区分类的数据交互方式，确保用户可以轻松地找到自己感兴趣的分类和话题。

此外，本章还将重点介绍帖子点赞与取消点赞功能的交互实现。分步骤讲解如何在应用中添加点赞按钮，并处理用户的点赞和取消点赞操作，确保这些交互过程流畅无误。

不仅如此，我们还将带领大家设计和实现发布帖子页面的样式布局及其相应的数据交互功能。通过这一部分的学习，你将掌握发布帖子时需处理的输入数据和保证数据的有效提交。

通过本章的学习，你将全面掌握如何在 uni-app 中开发一个功能齐全的论坛模块，为应用增添更多互动性和实用性。

10.1 "论坛"页面样式布局

在当前论坛模块中，"论坛"页面的样式布局是非常重要的一部分，"论坛"页面可以集中展示帖子信息、进行帖子分类和搜索、发布帖子等。在本节中，将深入探讨如何通过 uni-app 实现一个具有丰富样式的"论坛"页面，效果图如图 10-1 所示。

图 10-1 "论坛"页面效果图

首先，在 pages 目录下新建一个名为 bbs 的"论坛"页面，接着将展示该页面的视图层静态代码。

```vue
<template>
    <view class="content">
        <view class="search">
            <input type="text" placeholder="请输入搜索内容" />
            <text>搜索</text>
        </view>
        <view class="cate">
            <text class="active">全部</text>
            <text>JavaScript</text>
            <text>Vue</text>
            <text>Css</text>
            <text>Php</text>
            <view v-for="item in 5"></view>
        </view>

        <view class="msg" v-for="item in 2">
            <view class="top">
                <view class="top_left">
                    <image src="logo.png" mode="aspectFill"></image>
                    <view class="uname">
                        <text>昵称</text>
                        <text>男</text>
                    </view>
                </view>
                <view class="top_right">
                    <text>精华</text>
                </view>
            </view>
            <view class="desc">
                <text>这是帖子的标题</text>
                <view class="uimag">
                    <image src="banner02.jpg" mode="aspectFill"></image>
                    <image src="banner02.jpg" mode="aspectFill"></image>
                    <image src="banner02.jpg" mode="aspectFill"></image>
                </view>
            </view>
            <view class="footer">
                <view class="footer_left">
                    <view class="item">
                     <text class="iconfont icon-xiaoxi"></text>
                     评论
                    </view>
                    <view class="item">
                     <text class="iconfont icon-shoucang "></text>
                     点赞
                    </view>
                </view>
                <view class="footer_right">
                    2024-05-06
                </view>
```

```
        </view>
      </view>

      <view class="footer_btn">
          <view class="submit">
              发布
          </view>
      </view>
  </view>
</template>
```

【代码解析】
上述代码包含了搜索框、分类标签、帖子列表和底部按钮等元素。其中，搜索框包括一个输入框和一个"搜索"按钮；分类标签显示了不同的分类选项；帖子列表部分包含了帖子的标题、发帖人信息、帖子图片集合、评论和"点赞"按钮等内容；底部按钮是一个"发布"按钮。

接下来是该页面的 CSS 样式代码，用于控制页面的样式布局，示例代码如下。

```css
<style>
    .search {
        display: flex;
        padding-top: 30rpx;
    }
    .search input {
        border: 1px solid #dbdbdb;
        flex: 1;
        height: 50rpx;
        box-sizing: border-box;
        font-size: 15rpx;
        text-indent: 10rpx;
    }
    .search text {
        background-color: #409eff;
        color: #fff;
        font-size: 23rpx;
        padding-left: 40rpx;
        padding-right: 40rpx;
        line-height: 50rpx;
    }
    .cate {
        display: flex;
        justify-content: space-between;
        padding-top: 30rpx;
        padding-bottom: 30rpx;
        flex-wrap: wrap;
    }
    .cate text {
        border: 1px solid #dbdbdb;
        padding-left: 20rpx;
        padding-right: 20rpx;
        font-size: 26rpx;
        padding-top: 4rpx;
```

```css
        padding-bottom: 4rpx;
        margin-right: 30rpx;
        margin-bottom: 30rpx;
        border-radius: 4rpx;
    }
    .active {
        background-color: #409eff;
        color: #fff;
        border: none !important;
    }
    .top {
        display: flex;
        justify-content: space-between;
        font-size: 26rpx;
    }
    .top_left {
        display: flex;
    }
    .top_left image {
        width: 80rpx;
        height: 80rpx;
        border-radius: 80rpx;
        float: left;
        margin-right: 20rpx;
    }
    .uname {
        display: flex;
        flex-direction: column;
    }
    .uname text:nth-child(1) {
        color: #409eff;
    }

    .top_right text {
        background-color: orange;
        color: #fff;
        padding-left: 20rpx;
        padding-right: 20rpx;
        padding-top: 4rpx;
        padding-bottom: 4rpx;
    }
    .msg {
        border-top: 10rpx #F4F4F3 solid;
        padding-bottom: 30rpx;
        padding-top: 30rpx;
    }
    .desc {
        display: flex;
        flex-direction: column;
    }
    .desc text {
        padding-top: 20rpx;
        padding-bottom: 20rpx;
```

```
    }
    .uimag {
        display: flex;
        justify-content: space-between;
        flex-wrap: wrap;
    }
    .uimag image {
        width: 200rpx;
        height: 200rpx;
        margin-bottom: 30rpx;
    }

    .footer {
        display: flex;
        justify-content: space-between;
        font-size: 26rpx;
        color: #666;
    }
    .footer_left {
        display: flex;
    }
    .footer_left view {
        margin-right: 30rpx;
    }
    .footer_left text{
        font-size: 40rpx;
        padding-right: 10rpx;
    }
    .item{
        display: flex;
        align-items: center;
    }
    .footer_btn{
        background-color: #fff;
        position: fixed;
        bottom: 0;
        height: 100rpx;
        left: 0;
        right: 0;
    }
    .submit{
        background-color: #409eff;
        position: fixed;
        bottom: 0;
        border-radius: 80rpx;
    }
</style>
```

通过上述代码，可以实现一个功能完善、界面美观的论坛列表页面样式布局。其中的关键部分如下。

1. 搜索栏样式

搜索栏采用灰色边框、蓝色背景的设计，输入框和搜索按钮分别呈现在一行，整体展示简洁明了，便于用户进行内容检索。

2. 帖子分类样式

帖子分类使用了不同背景颜色、圆角边框的设计，通过区分颜色强调不同分类标签，提升了页面整体的信息分类能力。

3. 帖子内容样式

每个帖子的布局包括了帖子标题、发布者头像和昵称、帖子内容图片展示、评论和"点赞"按钮等元素，整体呈现清晰的信息结构，让用户一目了然。

4. "发布"按钮样式

"发布"按钮使用醒目的蓝色背景和圆角设计，悬浮在页面底部，方便用户随时进行帖子发布操作。

通过上述布局设计和样式设置，为论坛列表页面增加了更多功能并进行了美化，使页面更具吸引力和实用性。

10.2 论坛社区分类数据交互

本节将探讨论坛社区分类数据交互的实现。在 10.1 节中，已经完成了分类列表的样式布局，接下来，我们将重点实现分类数据的交互。

1. 获取社区分类的 API

首先，让我们查看一下如何获取社区分类的 API，API 文档详情如下。
- 请求 URL。mobile/bbs。
- 请求方式。GET。
- 请求参数如下。
  - 参数名：page。
  - 示例值：1。
  - 参数描述：当前页码。

2. 发送请求 API

接下来，根据接口文档的定义发送请求 API。由于论坛功能是一个新的模块，在 api 目录下新建 bbs.js 文件，用于存放和论坛相关的 API，示例代码如下。

```javascript
import api from '../request03.js';
export const getBbsCateList = (params) => {
    return api.get('mobile/bbs', params);
}
```

3. 调用 API

接下来，在 bbs.vue 页面引用并调用 getBbsCateList 接口来获取服务器端数据，示例代码如下。

```vue
import {
    getBbsCateList
} from '../../services/api/bbs.js';
export default {
    data() {
        return {
            active: 0,
            params: {
                page: 1
            },
            cateList: []
        }
    },
    created() {
        this.getCateList();
    },
    methods: {
        async getCateList() {
            const res = await getBbsCateList(this.params);
            console.log(res);
            let list = res.rows;
            if (this.params.page == 1) {
                list.unshift({
                    id: 0,
                    title: '全部'
                });
            }
            this.cateList = list;
        }
    }
}
```

【代码解析】

上述代码主要用于在组件创建时调用 getCateList 方法获取论坛分类列表并显示在页面上。代码主要的逻辑包括以下内容。

（1）在 data 中定义了组件的初始数据：active 用于记录当前活跃的分类索引，params 用于传递请求参数，cateList 用于存储获取到的分类列表数据。

（2）在 created 生命周期钩子函数中调用 getCateList 方法。

（3）getCateList 方法是一个异步函数，通过调用 getBbsCateList 方法从后端获取论坛分类列表数据。获取列表后，将返回的数据存入 list 变量中，然后根据请求参数中的 page 属性判断是否需要在列表最前面添加一个"全部"分类，最后将处理后的列表数据赋值给 cateList，实现分类列表的展示。

上述代码实现了通过调用后端接口获取论坛分类列表，并将获取的列表数据展示在页面上的功能。

4. 渲染分类数据

最后，在视图层渲染服务器端返回的分类数据，示例代码如下：

```html
<view class="cate">
    <text v-for="(item, index) in cateList" :key="index" :class="{ active: active === item.id }">
        {{ item.title }}
    </text>
</view>
```

通过以上代码示例，完成了论坛社区分类数据交互的实现。在实际开发中，可以根据这些示例代码进行扩展和定制，例如增加分页等功能，使应用具备更完善的功能。

10.3 帖子列表数据交互

本节将重点介绍如何实现帖子列表的数据交互，实现帖子列表的数据交互是一个常见且重要的功能，通过与服务器端的数据交互，可以实时获取最新的帖子列表信息，为用户提供更加丰富的内容。

首先，让我们查看一下获取服务器端帖子列表的 API。

- 请求 URL：mobile/post/list。
- 请求方式：GET。
- 请求 query 参数如下。
    - page：分页页码，是必填参数。
    - keyword：关键词，非必填参数。
    - bbs_id：分类 ID，非必填参数。

接下来，在 bbs.js 文件中定义发送请求的 API 方法，示例代码如下。

```javascript
export const getBbsList = (params) => {
    return api.get('mobile/post/list', params);
}
```

然后，在 bbs.vue 文件中引入并调用 getBbsList 方法，示例代码如下。

```vue
import { getBbsList } from '../../services/api/bbs.js';

export default {
    data() {
        return {
            loadStatus: 'loading',
            bbsQuery: {
                page: 1,
                keyword: '',
                bbs_id: 0 // 0 表示显示全部帖子
            },
            bbsList: []
```

```
        }
    },
    created() {
        this.getBbsList();
    },
    onReachBottom() {
        this.loadMoreHandle();
    },
    methods: {
        async getBbsList() {
            let page = this.bbsQuery.page;
            const res = await getBbsList(this.bbsQuery);
            console.log(res);
            this.bbsList = page == 1 ? res.rows : [...this.bbsList, ...res.rows];
            this.loadStatus = res.rows.length < 10 ? 'noMore' : 'more';
        },

        loadMoreHandle() {
            if (this.loadStatus !== 'more') {
                return;
            }
            this.bbsQuery.page = this.bbsQuery.page + 1;
            this.getBbsList();
        },
    }
}
```

【代码解析】

通过上述代码可实现展示论坛帖子列表的功能，下面是对代码的详细解释。

（1）导入 getBbsList 函数，用于从后端获取论坛帖子列表数据。

（2）在 data 函数中定义了组件的数据：①loadStatus 表示当前加载状态，初始值为 loading；②bbsQuery 用于存储论坛帖子列表查询条件，包括当前页数 page、关键字 keyword 和论坛 ID——bbs_id，其中 bbs_id 为 0 表示显示全部帖子；③bbsList 用于存储从后端获取到的论坛帖子列表数据。

（3）在 created 生命周期钩子函数中调用 getBbsList 方法，用于初始化时加载论坛帖子列表数据。

（4）定义了 onReachBottom 方法，用于处理页面滚动到底部时加载更多操作，具体操作由 loadMoreHandle 方法处理。

（5）定义了两个方法：①getBbsList 方法，通过调用 getBbsList 函数获取论坛帖子列表数据，根据返回结果更新 bbsList 数据，并根据帖子数量设置 loadStatus 状态为 noMore 或 more，表示是否还有更多数据加载；②loadMoreHandle 方法，用于处理加载更多操作，当 loadStatus 不为 more 时，直接返回，否则更新 bbsQuery 中的 page 参数，调用 getBbsList 方法加载更多数据。

这段代码的核心逻辑是通过 getBbsList 方法发送请求获取服务器端的帖子列表数据，并根据返回结果更新页面中的帖子列表信息。通过判断返回数据的长度，可以实现动态加载更多或者提示已经没有更多帖子的功能。

实现帖子列表数据交互是 uni-app 开发中常见的功能，通过本节介绍的方法，可以轻松实现帖子列表的获取和展示，并且具备上拉加载更多的功能，为用户提供更好的浏览体验。

10.4 渲染帖子列表数据

在本节中，将实现渲染帖子列表数据到 uni-app 的视图层。首先，我们已经成功获取服务器端返回的帖子列表数据，接下来展示如何将这些数据呈现在页面上。

为了提高代码的可维护性以及页面的整洁度，将帖子列表抽离成一个单独的组件。在 components 目录下新建一个名为 bbs-item 的组件，示例代码如下。

```vue
<template>
    <view class="content">
        <view class="msg">
            <view class="top">
                <view class="top_left">
                    <image :src="item.user.avatar " mode="aspectFill"></image>
                    <view class="uname">
                      <text>{{item.user.name}}</text>
                      <text>{{item.user.sex}}</text>
                    </view>
                </view>
                <view class="top_right">
                    <text v-if="item.is_top">精华</text>
                </view>
            </view>
            <view class="desc">
                <text>{{item.desc.text}}</text>
                <view class="uimag">
                    <image v-for="(sub, i) in item.desc.images" :key="i" :src="sub" mode="aspectFill"></image>
                </view>
            </view>
            <view class="footer">
                <view class="footer_left">
                    <view class="item">
                      <text class="iconfont icon-xiaoxi"></text>
                      {{item.comment_count }}
                    </view>
                    <view class="item">
                      <text class="iconfont icon-shoucang"></text>
                      {{item.support_count }}
                    </view>
                </view>
                <view class="footer_right">
                    {{item.created_time}}
                </view>
            </view>
        </view>
    </view>
</template>
```

```
<script>
    export default {
        name: "bbs-item",
        props: {
            item: Object,
        },
    };
</script>
```

【代码解析】

在 template 部分，通过 view 和 text 等标签呈现帖子的各个部分，渲染帖子的作者信息、帖子内容、帖子的评论数、点赞数和发布时间等内容。

在 script 部分，定义了一个名为 bbs-item 的 Vue 组件，接收一个名为 item 的对象类型的 prop。这个 prop 包含了帖子内容需要显示的所有信息。

接下来，我们来看一下在父组件中如何传递数据给 bbs-item 组件，示例代码如下。

```vue
<bbs-item v-for="(item, i) in bbsList" :key="i" :item="item"></bbs-item>
```

通过以上代码，成功实现了对帖子列表数据的渲染。在这个过程中，通过 v-for 指令遍历 bbsList 数组，将其中的每一项传递给 bbs-item 组件，并在组件内部将数据渲染在页面上。

这样一来，便实现了一个高度可复用的帖子列表组件，将数据和视图分离，提高了代码的可维护性。同时，这样的设计也使我们可以轻松地在其他页面中重复使用这个组件，提高开发效率。

10.5　帖子分类切换及下拉刷新

在项目开发中，实现帖子分类切换及下拉刷新功能是一项常见的需求，本节将详细介绍如何实现这两个功能。

首先，我们来看帖子分类切换功能的实现。在页面中，通常会有不同的帖子分类，用户可以通过单击不同的分类标签展示相应的帖子信息。下面是一个示例代码，展示了如何为分类标签添加单击事件并进行分类切换。

```vue
<text v-for="(item, i) in cateList" :key="i" :class="{active:active==item.id}" @click="cateClick(item.id)">{{item.title}}</text>
```

在上述代码中，为分类标签绑定一个单击事件 cateClick，并传入分类的 id。接着，在数据层定义 cateClick 事件处理函数，示例代码如下。

```vue
// 切换分类
cateClick(id){
    console.log(id);
    this.active = id;
```

```
   this.bbsQuery.bbs_id = id;
   this.bbsQuery.page = 1;
   this.bbsList = [];
   this.getBbsList();
}
```

在 cateClick 事件处理函数中，切换了当前分类，重新设置了查询条件，并调用了获取帖子列表的方法。这样，单击不同的分类标签就可以切换对应的帖子信息了。

接下来实现下拉刷新功能。通过下拉刷新，用户可以及时获取最新的帖子内容，提升体验。首先，在 pages.json 文件中开启下拉刷新，示例代码如下。

```json
{
   "path" : "pages/bbs/bbs",
   "style" : {
      "navigationBarTitleText" : "论坛",
      "enablePullDownRefresh" : true
   }
}
```

在以上代码中，在 pages.json 文件中为论坛页面开启了下拉刷新功能。

接着，在论坛页面中监听下拉刷新事件，示例代码如下。

```javascript
// 监听下拉刷新
onPullDownRefresh() {
   this.bbsQuery.page = 1;
   this.getBbsList();
   uni.stopPullDownRefresh();
}
```

在上述代码中，当用户进行下拉刷新操作时，重新设置了帖子列表的查询页码，调用了获取帖子列表的方法，并在数据请求后停止下拉刷新动作。

通过以上代码，成功实现了帖子分类切换和下拉刷新功能。用户可以方便地切换不同分类的帖子，并且随时获取最新的帖子内容。这将大大提升用户体验，使应用更加互动和易用。

10.6　帖子点赞及取消点赞功能交互

本节将实现帖子点赞及取消点赞功能，首先，需要了解点赞功能及取消点赞功能的 API 文档。

● 点赞：请求 URL 为 mobile/post/support，请求方式为 POST，请求参数为 post_id（帖子 ID）。

● 取消点赞：请求 URL 为 mobile/post/unsupport，请求方式也是 POST，请求参数同样是 post_id（帖子 ID）。

接下来，将在 bbs.js 文件中定义点赞和取消点赞的请求方法，示例代码如下。

```javascript
```

```
// 点赞
export const supportFn = (data) => {
    return api.post('mobile/post/support', data);
}
// 取消点赞
export const unsupportFn = (data) => {
    return api.post('mobile/post/unsupport', data);
}
```

接着,需要在页面中绑定"点赞"按钮的单击事件,通过$emit 向父组件传递单击事件并将当前帖子信息传递给父组件。打开 bbs-item.vue 组件,示例代码如下。

```vue
<view @click="$emit('support', item)">
    <text class="iconfont icon-shoucang"></text>
    {{ item.support_count == 0 ? '点赞' : item.support_count }}
</view>
```

通过$emit 通知父组件的同时,将当前帖子信息 item 传递给父组件。

然后,在父组件中监听 support 事件,并定义相应的处理方法,实现点赞和取消点赞的功能,示例代码如下。

```vue
<bbs-item v-for="(item, i) in bbsList" :key="i"
:item="item" @support="support"></bbs-item>
```

support 事件处理函数如下。

```vue
// 点赞及取消点赞
support(item) {
    console.log(item.issupport);
    if (item.issupport) {
        unsupportFn({
            post_id: item.id
        }).then(res => {
            console.log(res);
            item.support_count = item.support_count - 1;
            item.issupport = !item.issupport;
        });
    } else {
        supportFn({
            post_id: item.id
        }).then(res => {
            console.log(res);
            // 点赞成功
            item.support_count = item.support_count + 1;
            item.issupport = !item.issupport;
        });
    }
}
```

【代码解析】

根据输入参数 item 的 issupport 属性确定是点赞还是取消点赞。如果 issupport 为 true，则调用 unsupportFn 函数取消点赞，并在成功执行后更新 item 的 support_count 属性和 issupport 属性。如果 issupport 为 false，则调用 supportFn 函数实现点赞，并在成功执行后更新 item 的 support_count 属性和 issupport 属性。

通过以上代码，实现了帖子点赞和取消点赞的功能。为了提高用户体验，可以为已经点赞过的帖子添加一个特定的样式，使用户可以直观地看到自己的点赞状态。

接下来，将为"点赞"按钮添加样式，示例代码如下。

```vue
<view class="item" :class="{ active: item.issupport }">
    <text class="iconfont icon-shoucang"></text>
    {{ item.support_count == 0 ? '点赞' : item.support_count }}
</view>
```

最后，在 CSS 样式中通过 item.issupport 的值判断是否添加 active 类样式，从而为已点赞的帖子添加视觉上的反馈，使用户可以清晰地了解自己的点赞状态。

10.7 "发布帖子"页面样式布局

在本项目中，实现"发布帖子"页面的样式布局是常见需求之一。这个页面通常用于用户在社区或论坛中发布新的帖子内容。本节将展示如何创建这样一个页面，并详细解释视图层和数据层代码的功能。

首先查看一下"发布帖子"页面的效果图，如图 10-2 所示。

图 10-2 "发布帖子"页面效果图

在 pages 目录下新建 postBbs.vue 页面，视图层代码如下。

```vue
<template>
    <view class="content">
        <picker mode="selector" :range="menus" @change="handleChange">
            <view class="select">
                {{ active == -1 ? '请选择社区' : menus[active] }}
            </view>
        </picker>

        <view class="" v-for="(item,index) in form" :key="index">
            <textarea v-model="item.text" placeholder="请填写帖子内容" class="desc"></textarea>
        </view>

        <view class="submit">
            发布
        </view>
    </view>
</template>
```

在上述代码中，使用了 picker 来让用户选择发布帖子的社区。根据用户选择的不同社区，对应的显示文本会实时更新。接着，通过 v-for 指令循环显示一个输入框，让用户填写帖子内容。最后，通过一个简单的按钮实现发布功能。

注意：之所以使用 v-for 循环遍历文本域，是为了方便实现发布帖子的数据交互。

数据层代码如下。

```vue
export default {
    data() {
        return {
            menus: [
                1, 2, 3
            ],
            active: -1,
            form: [{
                text: "",
                images: []
            }]
        }
    },
    methods: {
        //选择社区
        handleChange(e) {
            console.log(e.detail.value); //选中索引
            this.active = e.detail.value;
        }
    }
}
```

【代码解析】

在数据层代码中，首先定义了三个社区的选项，存储在 menus 数组中。active 变量用于存储用户选择的社区索引。form 数组包含一个帖子内容的对象，其中包括文字和图片等信息。通过 handleChange 方法，可以实时获取用户选择的社区索引，并更新 active 变量。

CSS 样式代码如下。

```css
.select {
    color: #fff;
    margin-top: 30rpx;
    font-size: 26rpx;
    line-height: 60rpx;
    text-align: center;
    background-color: #409eff;
}
.desc {
    border: 1px solid #dbdbdb;
    width: 100%;
    box-sizing: border-box;
    margin-top: 30rpx;
    text-indent: 30rpx;
    line-height: 50rpx;
    font-size: 26rpx;
}

.submit {
    position: fixed;
    bottom: 40rpx;
}
```

【代码解析】

上述 CSS 样式代码定义了选择社区文字样式、帖子内容输入框样式，以及"发布"按钮的样式。这些样式将确保发布帖子页面的布局清晰简洁，提高用户体验和页面美感。

基于以上详细介绍，可以轻松设计一个发布帖子的页面。这样的页面设计不仅能让用户方便地发布帖子内容，同时也能为用户提供一个友好的操作界面。

10.8 选择社区数据交互

在本节将介绍如何实现在发布帖子时选择社区的数据交互。在之前的章节中，我们已经定义了社区列表 API 请求方法，并在 bbs.js 模块中完成了定义。接下来，将直接在发布帖子页面引用并调用这个方法。

首先，查看社区列表 API 请求方法的示例代码。

```javascript
// bbs.js
export const getBbsCateList = (params) => {
```

```
    return api.get('mobile/bbs', params);
}
```

通过以上代码，可以看到 getBbsCateList 方法用于获取社区列表。接下来，在"发布帖子"页面中引用并调用这个方法来获取社区分类数据。

在页面的 methods 中，定义一个 getListFn 方法来实现获取社区分类的逻辑，示例代码如下。

```vue
methods: {
    // 获取社区分类
    async getListFn() {
        const res = await getBbsCateList({
            page: 1,
            limit: 10
        });
        console.log(res);
        res.rows.forEach(item => {
            this.menus.push(item.title);
            this.menusId.push(item.id);
        });
    },
}
```

【代码解析】

在上述代码中，通过调用 getBbsCateList() 方法获取服务器返回的社区分类数据。获取到服务端返回的数据之后，通过 forEach() 方法将每个社区的名称和对应的 ID 保存到两个数组中，实现了社区名称和社区 ID 的一一对应关系。

最后，在页面加载时调用 getListFn 方法即可获取分类数据。

参照以上示例，可以实现选择社区的数据交互。这个过程涉及请求后端 API 数据、处理返回结果并展示在页面上的一系列操作，为开发社区类应用提供了有效的指导和范例。

10.9 实现发布帖子功能数据交互

本节将带领大家逐步实现发布帖子功能数据交互。到目前为止，已经实现了选择社区及帖子内容的双向数据绑定。接下来，让我们一起来实现发布帖子的功能。

在实现发布帖子功能之前，首先要了解发布帖子的 API 文档，这可以帮助我们更好地理解数据交互的过程。发布帖子 API 文档如下。

- 请求 URL 地址：mobile/post/save。
- 请求方式：POST。
- 请求 body 参数如下。
  - bbs_id：社区 ID。
  - content：评论内容。

- content.text：帖子内容。
- content.images：图片链接。

接下来，在 bbs.js 文件中，需要根据接口文档定义发送请求的 API 方法，示例代码如下。

```javascript
//发布帖子
export const postBbs = (data) => {
    return api.post('mobile/post/save', data)
}
```

有了请求方法之后，在 postBbs.vue 页面中，需要为"发布"按钮绑定单击事件，通过调用 postBbs()方法实现帖子的发布。示例代码如下。

```vue
<view class="submit" @click="postOk">
    发布
</view>
```

在数据层定义事件处理函数，示例代码如下。

```vue
//发布帖子
async postOk() {
    if (this.active == -1) {
        uni.showToast({
            title: '请选择社区',
            icon: 'none'
        })
        return
    }
    uni.showLoading({
        title: '发布中...',
        mask: false
    })
    const res = await postBbs({
        bbs_id: this.menusId[this.active],
        content: this.form
    })
    console.log(res)
    uni.hideLoading()
    //通知论坛列表页面刷新数据
    uni.$emit('updateBbsList')
    uni.navigateBack({
        delta: 1
    })
}
```

【代码解析】

代码开始执行时会检查 this.active 是否等于-1。如果等于-1，就会通过 uni.showToast()方法显示一个 Toast 提示用户"请选择社区"，然后返回，不再执行后续代码。

如果 this.active 不等于-1，接着调用 uni.showLoading()方法显示一个加载提示框，标题为"发布中..."，mask 为 false 表示用户可以继续交互。

接着代码调用 postBbs({ bbs_id: this.menusId[this.active], content: this.form })这个异步函数，以发布帖子。参数 bbs_id 为 this.menusId[this.active]，表示选择的社区 ID。参数 content 为 this.form，表示用户填写的帖子内容。

然后调用 uni.hideLoading()方法隐藏加载提示框。

最后，通过 uni.$emit('updateBbsList')发出一个事件通知论坛列表页面刷新数据，使新发布的帖子能够及时显示。然后使用 uni.navigateBack({ delta: 1 })返回上一页页面。

总体而言，这段代码实现了在选择社区后发布帖子的功能，并保证用户友好的交互体验，同时确保帖子能够成功发布并通知其他页面更新数据。

在 bbs.vue 帖子列表页面中，需要监听全局事件 updateBbsList，以便在页面初次加载时重新获取数据，示例代码如下。

```javascript
onLoad() {
    uni.$on('updateBbsList', this.getBbsList)
}
```

同时，在页面销毁时需要销毁该事件。

```javascript
beforeDestroy() {
    uni.$off('updateBbsList', this.getBbsList)
}
```

通过以上步骤实现了发布帖子的功能。

10.10　帖子详情页面数据交互

本节将实现帖子详情页面数据交互。通过本节内容，将学习如何开发帖子详情页面，以及在论坛列表中单击帖子标题即可进入详情页面。我们将为帖子标题绑定单击事件，实现帖子 ID 传递给详情页面的功能。

首先，在帖子列表页面的模板中为帖子标题绑定单击事件，示例代码如下。

```vue
<view class="desc" @click="openDetail(item.id)">
    <text>{{item.desc.text}}</text>
</view>
```

接着，在数据层定义 openDetail()事件处理函数，示例代码如下。

```javascript
methods: {
    openDetail(id) {
```

```
        uni.navigateTo({
            url: `/pages/post-detail/post-detail?id=${id}`,
        });
    }
}
```

通过以上代码，当用户单击帖子标题时，帖子 ID 将被传递到详情页面。在详情页面的 post-detail.vue 中，通过 onLoad 生命周期函数接收传递过来的帖子 ID，示例代码如下。

```vue
onLoad(opt) {
    console.log(opt.id);
}
```

接下来，根据查看帖子详情的 API 文档定义请求方法，API 文档信息如下。
- 请求 URL 地址：mobile/post/read。
- 请求方式：GET。
- 请求 query 参数：id（帖子 ID）。

打开 bbs.js 文件，添加发送请求的 API 方法，示例代码如下。

```javascript
//查看帖子
export const readPost = (params) => {
    return api.get('mobile/post/read', params);
}
```

然后在 post-detail.vue 页面引用并调用这个方法，示例代码如下。

```vue
import { readPost } from '../../services/api/bbs.js';
export default {
    data() {
        return {
            item: null
        }
    },
    onLoad(opt) {
        console.log(opt.id);
        if(!opt.id) {
            uni.navigateBack({
                delta: 1
            });
            return;
        }
        this.getData(opt.id);
    },
    methods: {
        //查看帖子
        async getData(id) {
            const res = await readPost({ id });
            console.log(res);
```

```
            this.item = res;
        }
    }
}
```

通过以上代码，可以获取服务器端返回的帖子详情数据，并最终渲染到视图层。在视图层中简单地展示帖子详情内容，示例代码如下：

```vue
<view class="content" v-if="item">
    <view class="msg">
        <view class="top">
            <view class="top_left">
                <image :src="item.user.avatar '" mode="aspectFill"></image>
                <view class="uname">
                    <text>{{item.user.name}}</text>
                    <text>{{item.user.sex}}</text>
                </view>
            </view>
            <view class="top_right">
                <text v-if="item.is_top">精华</text>
            </view>
        </view>
        <!-- 详情页内容 -->
        <view>
            <view class="detail" v-for="(sub, i) in item.content" :key="i">
                <text>{{sub.text}}</text>
                <image v-for="(img, index) in sub.images" :key="index" :src="img" mode="widthFix"></image>
            </view>
        </view>
    </view>
</view>
```

通过这些代码，可以实现帖子详情页面数据的渲染，让用户能够更加直观地了解帖子内容，从而提升用户体验。

10.11 帖子详情页面点赞数据交互

本节将实现帖子详情页面中点赞数据的交互。通过以下内容，将逐步实现这个功能，使帖子详情页面更加互动和生动。

首先，需要在帖子详情页面的底部添加一个点赞图标，并将当前点赞数渲染出来，下面是示例代码：

```vue
<view class="support" :class="{active: item.issupport}">
    <text class="iconfont icon-shoucang"></text>
    {{item.support_count == 0 ? '点赞' : item.support_count}}
```

```
</view>
```

在上述代码中，通过 item.issupport 判断当前是否已经点赞，如果已经点赞，则给图标添加一个红色样式。同时，通过 item.support_count 属性渲染当前点赞数据，如果没有点赞，则显示"点赞"两个字。

接下来，需要在详情页面实现点赞和取消点赞功能。在帖子列表页面已经实现过此功能，请求方法可以直接使用。在 bbs.js 文件中，已经定义了点赞和取消点赞的请求方法，示例代码如下。

```vue
// 点赞
export const supportFn = (data) => {
    return api.post('mobile/post/support', data);
}
// 取消点赞
export const unsupportFn = (data) => {
    return api.post('mobile/post/unsupport', data);
}
```

在 post-detail.vue 页面中引入这些方法并进行调用，具体代码如下。

```vue
// 点赞及取消点赞
support(item) {
    if (item.issupport) {
        unsupportFn({
            post_id: item.id
        }).then(res => {
            item.support_count = item.support_count - 1;
            item.issupport = !item.issupport;
        });
    } else {
        supportFn({
            post_id: item.id
        }).then(res => {
            item.support_count = item.support_count + 1;
            item.issupport = !item.issupport;
        });
    }
}
```

此处的 support 方法接收一个 item 对象，实现了点赞和取消点赞的功能。当用户单击点赞图标时，根据当前点赞状态进行操作，点赞成功或取消点赞后会更新相应的点赞数和状态。

接着，在数据层定义 support() 方法，传入 item 对象，示例代码如下。

```vue
<text class="iconfont icon-shoucang" @click="support(item)"></text>
```

通过以上代码，已经完成在详情页面的点赞和取消点赞功能。但是，为了让点赞状态实时更新在帖子列表页面，需要定义全局事件通知更新。在前面的章节中，我们已经监听过 updateBbsList 事件更新列表数据，现在通过 uni.$emit() 触发这一事件，示例代码如下。

```vue
uni.$emit('updateBbsList');
```

以上，成功实现了帖子详情页面点赞数据交互。用户可以在详情页面进行点赞和取消点赞的操作，同时通过全局事件实时更新帖子列表页面的点赞状态。这样可以提升用户体验，增加页面的互动性，使用户更加愿意参与互动。

10.12 "我的帖子"列表数据交互

本节内容将实现"我的帖子"列表数据交互功能。通过本节内容，你将学会如何在 uni-app 中对帖子列表进行数据交互，包括获取服务器端数据、点赞功能、下拉刷新以及上拉加载更多等功能。

首先，在 pages 目录下新建一个名为 my-post.vue 的页面，这将是"我的帖子"列表的页面。

接着，需要在个人中心页面的 tabbar 目录下找到个人中心页面。在个人中心页面中添加一个单击"我的帖子"进入的链接，示例代码如下。

```vue
<view class="item" @click="$authToLink('/pages/my-post/my-post')">
    <text class="iconfont icon-shoucang"></text>
    <text>我的帖子</text>
</view>
```

接下来，查看获取"我的帖子"列表的 API 文档。
- 请求 URL：mobile/mypost。
- 请求方式：GET。
- 请求 query 参数：page: 1（分页页码）。

现在打开 bbs.js 文件，定义发送请求的 API 方法，示例代码如下。

```javascript
//我的帖子列表
export const getMyComment = (params) => {
    return api.get('mobile/mypost', params)
}
```

在 my-post.vue 页面中引用并调用 getMyComment()方法，获取服务器端返回的帖子列表数据。在 data 里定义一些需要用到的参数，示例代码如下。

```vue
data() {
    return {
        loadStatus: 'loading',
        list: [],
        queryData: {
            page: 1,
            limit: 10
        }
```

```
        }
    }
```

在 created() 生命周期里调用 getData() 方法，同时监听帖子详情点赞。

```vue
created() {
    this.getData()
},
onLoad() {
    uni.$on('updateBbsList', this.refresh)
},
beforeDestroy() {
    uni.$off('updateBbsList', this.refresh)
}
```

接下来，编写一些功能方法，如刷新、点赞、上拉加载更多，示例代码如下。

```vue
methods: {
    //刷新页面
    refresh() {
        this.queryData.page = 1
        this.getData().finally(() => {
            uni.stopPullDownRefresh();
        })
    },
    isSHandle(item) {
        // 点赞逻辑...
    },
    loadMoreHandle() {
        // 上拉加载更多逻辑...
    },
    getData() {
        // 获取数据逻辑
        let page = this.queryData.page
        return getMyComment(this.queryData).then(res => {
            console.log(res)
            this.list = page == 1 ? res.rows : [...this.list, ...res.rows];
            //判断状态
            this.loadStatus = res.rows.length < this.queryData.limit ? 'noMore' : 'more';
        }).catch((err) => {
            //如果加载失败
            this.loadStatus = 'more';
            if (page > 1) {
                this.queryData.page = this.queryData.page - 1;
            }
        });
    }
}
```

最后，在视图层上展示数据，遍历帖子列表并显示，同时添加上拉加载更多组件，示例代码如下。

```vue
<bbs-item v-for="(item, i) in list" :key="i"
:item="item" @isS='isSHandle'>
</bbs-item>
<uni-load-more :status="loadStatus"></uni-load-more>
```

通过上述代码，实现了"我的帖子"列表的数据交互功能，并成功添加了点赞、下拉刷新和上拉加载更多等功能。

10.13 删除"我的帖子"数据交互

本节将实现删除"我的帖子"数据交互。首先，需要查看删除帖子列表的 API 文档。
- 请求的 URL：mobile/post/delete。
- 请求方式：POST。
- 请求体参数：包含一个参数 ID，表示帖子的 ID。

接下来，在 bbs.js 文件中定义一个用于删除帖子的请求方法，示例代码如下。

```javascript
// 删除帖子
export const delCommentFn = (data) => {
    return api.post('mobile/post/delete', data);
}
```

因为帖子列表是通过 bbs-item.vue 组件渲染的，需要在该组件中添加"删除"按钮。同时，"删除"按钮应该只在 my-post.vue（"我的帖子"列表页面）中显示，示例代码如下。

```vue
<view @click.stop="$emit('del', item.id)" v-if="showDel">删除</view>
```

以上代码通过$emit 向父组件触发事件，并且父组件传递 showDel 来判断"删除"按钮是否显示。
在数据层代码中，需要定义一个 showDel 属性接收父组件传递过来的数据，示例代码如下。

```javascript
props: {
    // 接收父组件传递过来的数据
    showDel: {
        type: Boolean,
        default: false
    }
}
```

接下来，打开 my-post.vue 页面，在该页面中监听删除事件并传递 showDel 属性，示例代码如下。

```vue
<bbs-item v-for="(item, i) in list" :key="i"  :item="item"
@isS='isSHandle' :showDel='true' @del='del'></bbs-item>
```

最后，在数据层中定义 del 删除事件，具体代码如下。

```javascript
// 删除帖子
del(id) {
    console.log(id);
    uni.showModal({
        content: '是否删除帖子？',
        success: (res) => {
            if (!res.confirm) {
                return;
            }
            delCommentFn({
                id
            }).then(res => {
                this.refresh();
            });
        }
    })
},
```

【代码解析】

通过上述代码，实现了删除"我的帖子"功能的数据交互。整个流程包括定义删除帖子请求方法、在组件中添加"删除"按钮、传递 showDel 属性、监听删除事件并执行删除操作。这样用户就能方便地删除自己的帖子了。

10.14　实现发表评论功能

在这一节中，我们将实现一个基础的发表评论功能，目的是让用户能够在帖子详情页面添加自己的评论。在帖子详情页面的底部创建一个文本框和一个"发表"按钮，并通过构建评论组件来实现这一需求，发表评论组件的效果图如图 10-3 所示。

图 10-3　发表评论效果图

首先，需要在 components 目录中新建一个 comment.vue 文件，这个文件将定义我们的评论组件。评论组件的示例代码如下。

```vue
<template>
  <view>
    <textarea placeholder="发表评论..." v-model="content"></textarea>
```

```
    <view class="submit" @click="submit">
      发表
    </view>
  </view>
</template>
<script>
export default {
  name: "comment",
  data() {
    return {
      content: ''
    };
  },
  methods: {
    submit() {
      // 通知父组件进行处理
      this.$emit('submit', this.content);
    }
  }
}
</script>
```

【代码解析】

（1）视图层包含一个 textarea 文本框和一个"发表"按钮。

（2）单击"发表"按钮时，触发 submit 事件。

（3）submit 事件通过 this.$emit 方法将评论数据传递给父组件。

1. 引用评论组件

接下来，在帖子详情页面 post-detail.vue 中引用并使用 comment 组件，同时监听 submit 事件。首先，在模板的底部引入评论组件，示例代码如下。

```vue
<template>
  <view class="post-detail">
    <!-- 其他内容省略 -->
    <comment @submit="submitOk"></comment>
  </view>
</template>
<script>
export default {
  methods: {
    // 事件处理函数
    async submitOk(content) {
        // 发布评论的逻辑
    }
  }
}
</script>
```

在上面的代码中，将 submitOk 方法作为 submit 事件的处理函数。那么，submitOk 需要做些什么呢？它需要将评论内容传递给后台接口，并处理发布评论的逻辑。

2. 发布评论 API

在实际发布评论之前，需要调用一个 API。请求 URL 地址和参数如下。
- 请求地址：mobile/post/reply。
- 请求方式：POST。
- 请求体参数如下。
  - post_id：帖子 ID。
  - content：评论内容。
  - reply_id：被回复评论 ID，当值为 0 时，表示为一级评论。

接下来，在 api 目录下的 bbs.js 文件中定义请求方法 commentFn，示例代码如下。

```javascript
// bbs.js
// 发表评论
export const commentFn = (data) => {
  return api.request({
    url: 'mobile/post/reply',
    method: 'POST',
    data
  });
};
```

在 post-detail.vue 帖子详情页面中引用并调用 comment 方法来发布评论，完整的示例代码如下。

```vue
<script>
export default {
  methods: {
    // 事件处理函数
    async submitOk(content) {
      try {
        const res = await commentFn({
          post_id: this.item.id,
          content,
          reply_id: 0
        });
        console.log(res);
        // 通知帖子列表页面刷新数据
        uni.$emit('updateBbsList');
      } catch (error) {
        console.error(error);
      }
    }
  }
}
</script>
```

【代码解析】

（1）在 methods 中定义了 submitOk 事件处理函数，该函数通过 commentFn 方法将评论内容发送到后台。

（2）在收到后台响应后，通过 uni.$emit('updateBbsList')通知帖子列表页面刷新数据。

通过创建和使用评论组件，实现了一个基础的发表评论功能。这个功能不仅让用户能够参与讨论，还提供了与后台接口交互的具体实现。

10.15 评论列表数据交互

在上一节中，实现了发表评论的功能。接下来，我们将继续深入，实现帖子详情页面中的评论列表渲染和数据交互。本节将详细介绍如何通过 API 获取评论数据并在页面上显示这些数据。

首先，需要在界面上设计评论列表的布局。在评论按钮下面添加以下静态代码，以便渲染评论者的头像、昵称、评论内容以及评论时间，示例代码如下。

```vue
<view class="commentlist">
    <view class="top">
        <view class="top_left">
            <image :src="'../../static/logo.png'" mode="aspectFill"></image>
            <view class="uname">
                <text>昵称</text>
                <text>时间</text>
            </view>
        </view>
    </view>
    <view class="commentcontent">
        内容
    </view>
</view>
```

上述代码结构简单明了，通过 class 划分不同的部分，包含评论者的信息和评论的内容。

获取评论列表的 API 文档信息如下。

- 请求 URL：mobile/post_comment。
- 请求方式：GET。
- 请求 query 参数如下。
  - Page：页码。
  - post_id：帖子 ID。

接下来，依据 API 文档在 api 目录下的 bbs.js 文件中定义发送请求的方法，示例代码如下。

```javascript
//获取评论列表
export const getCommentList = (params) => {
    return api.get('mobile/post_comment', params);
}
```

通过定义这个方法，就可以在任何需要的时候调用它来获取评论数据。

打开 post-detail.vue 帖子详情页面，引用并调用之前定义的 getCommentList 方法，示例代码如下。

```vue
import { getCommentList } from '../../services/api/bbs.js';
export default {
    data() {
        return {
            item: null,    // 当前帖子的详细信息
            page: 1,       // 评论的页码
            commentList: [], // 评论列表
            loadStatus: 'more' // 加载状态
        }
    },
    methods: {
        // 获取评论列表
        async getComments() {
            const res = await getCommentList({
                page: this.page,
                post_id: this.item.id
            });
            console.log(res);
            this.commentList = this.page == 1 ? res.rows : [...this.commentList, ...res.rows];
            this.loadStatus = res.rows.length < 10 ? 'noMore' : 'more';
        },
        // 查看帖子
        async getData(id) {
            const res = await readPost({ id });
            console.log(res);
            this.item = res;
            this.getComments();
        }
    },
    onLoad(options) {
        this.getData(options.id); // 获取帖子 ID 并调用 getData 方法
    }
}
```

【代码解析】

在上述代码中，定义了两个主要方法。

（1）getComments：用于获取评论列表并将数据更新到 commentList 中。

（2）getData：在查看帖子的时候调用该方法，先获取帖子详细信息，然后获取对应的评论列表。

最后，在视图层渲染获取到的评论数据。修改 post-detail.vue 文件中的视图部分，示例代码如下。

```vue
<view class="commentlist" v-for="(item, i) in commentList" :key="i">
    <view class="top">
        <view class="top_left">
            <image :src="item.user.avatar" mode="aspectFill"></image>
```

```
            <view class="uname">
                <text>{{ item.user.name }}</text>
                <text>{{ item.created_time }}</text>
            </view>
        </view>
    </view>
    <view class="commentcontent">
        {{ item.content }}
    </view>
</view>
```

上述代码使用了 v-for 指令循环遍历 commentList 数组，将每一个评论信息渲染出来，包括评论者的头像、昵称、评论时间和评论内容。

在本节中，我们从界面设计开始，结合 API 获取评论数据并在页面上展示出来，整个过程贯穿了前后端的数据交互。通过这些步骤，uni-app 应用中的评论功能更加完整。

10.16　评论列表分页交互

在上一节中，我们已经通过 API 调用获取了帖子的评论列表，并设置了每页显示 10 条评论的限制。然而，当前界面仅能显示第一页的内容，本节将实现分页功能。

我们已经在 data 中定义了分页状态 loadStatus，它将帮助我们追踪是否存在更多评论可以加载。

```javascript
data () {
  return {
    // 其他数据...
    loadStatus: 'more', // 初始为'more'
    commentList: [], // 存储评论数据
    page: 1, // 当前页码
  }
},
```

loadStatus 将有两个可能的值。
- more：表示还有更多数据可以加载。
- noMore：表示没有更多数据可以加载。

接下来，在视图层上添加一个交互式元素，支持用户单击以加载更多内容。我们将使用条件渲染根据 loadStatus 的值改变显示的文本，示例代码如下。

```vue
<!-- 页面底部的加载更多按钮 -->
<view class="more" @click="loadMore">
  {{ loadStatus === 'more' ? '点击加载更多' : '没有更多数据' }}
</view>
```

现在，当用户浏览至评论列表底部时，将看到一个提示他们加载更多内容的文本，或者一个告

诉他们没有更多评论可以加载的文本。

接下来，实现 loadMore 方法，这将在用户单击"加载更多"按钮时被触发。此方法会检查当前 loadStatus，如果存在更多数据，则请求下一页的评论，示例代码如下。

```javascript
methods: {
  // 加载更多评论的方法
  loadMore() {
    // 检查是否还有更多数据
    if (this.loadStatus !== 'more') {
      // 如果没有更多数据，则终止操作
      return;
    }
    // 页码增加
    this.page += 1;
    // 调用获取评论的方法
    this.getComments();
  }
}
```

【代码解析】

定义了 loadMore 方法，当 loadStatus 的值不为 more 时，直接返回，不进行加载下一页操作。如果 loadStatus 的值为 more，则将当前页码加 1，并调用 getComments 方法获取下一页的评论数据。

通过以上代码，实现了评论列表的分页功能。当用户单击"点击加载更多"按钮时，页面会加载并显示下一页的评论。

第 11 章　电子书模块

在本章中，我们将探讨如何在项目中实现电子书功能，其中包括 4 个关键方面。

（1）介绍如何实现电子书列表的数据交互。这部分内容将详细解析如何从服务器端获取电子书的基本信息，如书名、封面等，并在前端展示一个美观的电子书列表界面。

（2）讲解电子书详情页面的数据交互。你将学会如何在用户单击某一本书时，实时获取并显示更详尽的书籍信息，如内容简介等，从而为读者提供全面的电子书资料。

（3）专注阅读电子书时的数据交互。展示如何设计高效的页面以实现流畅的阅读体验，如加载章节内容等。

（4）分享如何渲染电子书目录并实现章节切换。这部分将讲解如何动态生成目录，并通过单击目录项轻松跳转到相应的章节，以便读者可以自由地浏览电子书内容。

11.1　电子书列表数据交互

本节将详细介绍如何通过 uni-app 创建电子书列表页面，并实现与服务器的数据交互，最终呈现真实的电子书数据。

首先，让我们查看一下"电子书列表"页面的效果图，如图 11-1 所示。

图 11-1　"电子书列表"页面效果图

接着，在 pages 目录下新建一个名为 book-list.vue 的文件，该文件用于展示"电子书列表"页面的样式布局。以下是该页面的静态代码示例。

```html
<template>
<view class="content">
    <view class="item" v-for="item in 3">
        <image src="../../static/banner01.jpg" mode="aspectFill"></image>
        <view class="">
            电子书书名
        </view>
        <view class="">
            ￥100 <text>￥111</text>
        </view>
        <view class="">
            1人订阅
        </view>
    </view>
</view>
</template>
```

同时，也需要为该页面添加对应的 CSS 样式，确保页面的布局符合设计要求，CSS 示例代码如下。

```css
.item{
 padding-top: 30rpx;
 border-bottom: 1px solid #dbdbdb;
 overflow: hidden;
 padding-bottom: 30rpx;
}
.item image{
 width: 200rpx;
 height: 260rpx;
 margin-right: 30rpx;
 float: left;
}
.item view:nth-child(3){
 color: red;
 padding-top: 20rpx;
 padding-bottom: 20rpx;
 font-size: 30rpx;
}
.item view:nth-child(3) text{
 color: #000;
 text-decoration: line-through;
 font-size: 25rpx;
 padding-left: 10rpx;
}
```

接下来，需要调用 API 从服务器中获取电子书列表数据，下面是电子书列表 API 的文档说明。
- 请求 URL：mobile/book/list。

- 请求方式：GET。
- 请求 query 参数如下。
  - page：页码，如 1。
  - limit：单页数据量，如 10。

接着，在 api 目录下新建一个名为 book.js 的文件，用于定义向服务器请求电子书数据的方法，示例代码如下。

```javascript
import api from '../request03.js'
export const getBookList = (params) => {
  return api.get('mobile/book/list', params)
}
```

在 book-list.vue 页面中，可以导入刚才定义好的方法，并在页面创建时调用该方法来请求数据。以下是完整的示例代码。

```vue
import { getBookList } from '../../services/api/book.js'

export default {
  data() {
    return {
      queryData: {
        page: 1,
        limit: 10
      },
      loadStatus: 'loading',
      list: [],
    }
  },
  //上拉加载更多
  onReachBottom() {
    this.loadMoreHandle()
  },
  created() {
    this.getData()
  },
  methods: {
    async getData() {
      let page = this.queryData.page

      const res = await getBookList(this.queryData)
      console.log(res)
      this.list = page == 1 ? res.rows : [...this.list, ...res.rows]

      //判断状态
      this.loadStatus = res.rows.length < this.queryData.limit ? 'noMore' : 'more'
    },
    //上拉加载更多
    loadMoreHandle() {
      if (this.loadStatus !== 'more') {
```

```
                //只有等于more的时候才加载更多
                return
            }
            this.queryData.page = this.queryData.page + 1
            this.getData()
        },
    }
}
```

【代码解析】

在上述代码中，首先，导入了 getBookList 函数，该函数用于从后端 API 获取电子书列表数据。在组件的 data 中定义了以下三个属性。

（1）queryData 对象包含了当前请求的页数和每页显示的数量，默认为第一页和每页显示 10 条数据。

（2）loadStatus 字符串用于控制加载状态，初始值为 loading。

（3）list 数组用于存储电子书列表数据。

组件中定义了以下两个生命周期函数。

（1）created 钩子函数在组件被创建时调用，会触发 getData 方法。

（2）onReachBottom 是一个自定义方法，用于当页面滚动到底部时触发加载更多数据的操作。

接着是 getData 方法，该方法是一个异步函数，用于获取电子书列表数据。首先获取当前页数，然后调用 getBookList 函数从后端获取数据。根据返回的数据，更新 list 数组的值，如果是第一页数据则直接替换，否则将新数据添加到原有数据末尾。更新 loadStatus 属性，如果返回数据长度小于每页数量，则说明没有更多数据可加载。

最后是 loadMoreHandle 方法，用于处理上拉加载更多的逻辑。当 loadStatus 不等于 more 时，不执行加载更多操作。如果满足加载条件，增加页数后调用 getData 方法加载更多数据。

上述代码实现了一个简单的上拉加载更多功能，用户滚动页面到底部时自动加载更多电子书列表数据。通过不断获取新数据，用户可以无限滚动查看更多的内容，增强了用户体验。

最后，需要将获取的数据渲染到页面中，完成"电子书列表"页面的数据展示。以下是最终的视图层代码示例。

```vue
<view class="content">
  <view class="item" v-for="(item, i) in list" :key="i">
    <image :src="item.cover" mode="aspectFill"></image>
    <view class="">
        {{ item.title }}
    </view>
    <view class="">
        <text v-if="item.price == 0">免费</text>
        <text v-else>¥{{ item.price }}</text>
        <text class="text1">¥{{ item.t_price }}</text>
    </view>
    <view class="">
        {{ item.sub_count }}人订阅
    </view>
  </view>
</view>
```

```
<!-- 上拉加载更多组件 -->
<uni-load-more :status="loadStatus"></uni-load-more>
</view>
```

通过上述代码，实现了"电子书列表"页面的数据渲染，同时也实现了上拉加载更多的功能。这样，用户可以方便地浏览电子书列表并实时获取最新的内容。

11.2 电子书详情页面数据交互

本节将实现电子书详情页面的数据交互，包括电子书内容简介和目录切换，以及如何通过 API 文档定义发送请求方法，实现页面跳转并展示对应电子书详情。

首先，需要了解电子书详情页面的组成部分。该页面主要由电子书内容简介和目录两个部分组成，并通过 tab 选项卡实现切换。在搜索模块中已经封装好了一个 tab 选项卡组件，可以直接引用它来实现内容简介和目录的切换功能。

接下来，查看获取电子书详情的 API 文档。
- 请求 URL：mobile/book/read。
- 请求方式：GET。
- 接口所需的 query 参数：id（电子书 ID）。

为了实现对电子书详情的获取，接下来打开 book.js 文件，根据接口文档定义发送请求方法，示例代码如下。

```javascript
// 电子书详情
export const bookDetail = (params) => {
    return api.get('mobile/book/read', params);
}
```

在请求 query 参数中需要传入电子书 ID，在电子书列表页面传入 id。打开电子书列表页面，为电子书添加页面跳转并传入 id，示例代码如下。

```html
<view class="item" v-for="(item, i) in list"
    :key="i" @click="openBookDetail(item.id)">
</view>
```

在数据层定义 openBookDetail 事件处理函数，示例代码如下。

```javascript
openBookDetail(id) {
    console.log(id);
    uni.navigateTo({
        url: `/pages/book-detail/book-detail?id=${id}`
    });
}
```

此时就实现了在跳转的过程中携带电子书 ID。

接下来，在 pages 目录下新建 book-detail.vue 页面，调用获取电子书详情的方法。其中，数据层代码如下。

```javascript
import { bookDetail } from '/services/api/book.js';
export default {
    data() {
        return {
            detail: {},
            tabs: [
                {
                    name: '内容简介'
                },
                {
                    name: '目录'
                }
            ],
            current: 0,
            // 电子书目录
            list: [],
            id: 0
        }
    },
    onLoad(e) {
        console.log(e.id);
        this.id = e.id;
    },
    onShow() {
        bookDetail({
            id: this.id
        }).then(res => {
            console.log(res);
            this.detail = res;
            this.list = res.book_details; // 章节目录
            // 设置标题
            uni.setNavigationBarTitle({
                title: res.title
            });
        });
    },
    methods: {
        changMmenuOk(val) {
            console.log(val);
            this.current = val;
        }
    }
}
```

【代码解析】

上述代码主要实现的功能是根据传入的电子书 ID 从后端获取图书详细信息，包括内容简介和目录，然后展示在页面上。

在代码中主要的部分如下。

（1）data 函数定义了组件的数据对象，包括 detail 用于存储获取的电子书详细信息，tabs 用于存储页面的标签信息，current 用于记录当前选中的标签，list 用于存储电子书的章节目录，id 用于存储传入的电子书 ID。

（2）onLoad 生命周期钩子函数用于获取页面参数 e 中的 id 并赋值给组件中的 id。

（3）onShow 生命周期钩子函数用于在页面展示时调用 API 获取电子书详细信息，并将结果存储在 detail 中，同时将章节目录存储在 list 中，并设置页面标题为电子书的标题。

（4）changMmenuOk 方法用于切换标签时触发，将选中的标签索引赋值给 current，用于控制页面展示的内容。

book-detail.vue 视图层代码如下。

```vue
<view>
    <view class="banner">
        <image :src="detail.cover" mode="aspectFill"></image>
    </view>
    <tab :tabs='tabs' :current='current' @changMenu='changMmenuOk'></tab>
    <!-- 简介 -->
    <view class="" v-if="current == 0">
        <view class="title">
            <text style="font-weight: bold;">
                {{detail.title}}
            </text>
            <text style="color: #999;">{{detail.sub_count}} 学过</text>
            <!-- 如果未购买则显示价格 -->
            <view class="" v-if="!detail.isbuy">
                <text>¥{{detail.price}}</text>
                <text>¥{{detail.t_price}}</text>
            </view>
        </view>
        <view class="xian"></view>
        <view class="main">
            <view class="desc">
                电子书内容简介
            </view>
            <!-- 使用富文本显示电子书简介 -->
            <view>
                <mp-html :content="detail.try">
                    加载中...
                </mp-html>
            </view>
        </view>
    </view>
    <!-- 目录 -->
    <view class="" v-else>
        <view class="num" style="">
            共 {{list.length}} 节
        </view>
```

```
        <view class="main_list">
            <text v-for="(item, i) in list" :key="i" class="text1">
                <text>{{i+1}}</text>
                <text style="padding-right: 30rpx;">{{item.title}}</text>
                <text v-if="item.isfree" class="t1">免费试看</text>
            </text>
        </view>
    </view>
</view>
```

通过以上代码，实现了电子书详情页面的数据交互。用户可以轻松切换电子书内容简介和目录信息，实时获取电子书的章节目录以及价格等信息。这一功能的实现不仅提升了用户体验，也使得阅读电子书更加便捷和愉快。

11.3 阅读电子书页面数据交互

在本节将实现阅读电子书页面的数据交互。

首先，了解阅读电子书功能的 API 文档。通过以下 API 文档信息，可以清晰地了解如何发起请求。

- 请求 URL：mobile/book/detail。
- 请求方式：GET。
- 请求 query 参数如下。
  - book_id：电子书 ID。
  - id：章节内容 ID。

从以上接口文档中可以看出，请求接口时需要携带章节内容 ID 以及当前电子书 ID。接下来，可以在 api 目录下的 book.js 文件中根据接口文档定义请求方法，示例代码如下。

```javascript
// 阅读电子书
export const readBook = (params) => {
  return api.get('mobile/book/detail', params)
}
```

在 pages 目录下，新建 read-book.vue 作为电子书阅读页面。在电子书详情页中，用户单击电子书目录进入阅读页面，示例代码如下。

```vue
<template>
    <text v-for="(item, i) in list" :key="i" @click="openDetail(item)">
        <text>{{ i+1 }}</text>
        <text>{{ item.title }}</text>
        <text v-if="item.isfree" class="t1">免费试看</text>
    </text>
</template>
```

为目录绑定 openDetail 事件，在数据层定义事件处理函数，示例代码如下。

```vue
methods: {
    openDetail(item) {
        console.log(item)
        // 如果是收费且没有购买
        if (item.isfree === 0 && !this.detail.isbuy) {
            uni.showToast({
                title: '请先购买',
                icon: 'none'
            })
            return
        }
        this.$authToLink(`/pages/read-book/read-book?id=${item.id}&book_id=${this.detail.id}`)
    }
}
```

注意：在进行页面跳转时需要携带章节 ID 以及电子书 ID。接下来，打开 read-book.vue 页面，获取传递过来的章节 ID 以及电子书 ID，示例代码如下。

```vue
data() {
    return {
        queryData: {
            book_id: 0,
            id: 0,
        }
    }
},
onLoad(e) {
    console.log(e)
    this.queryData.book_id = parseInt(e.book_id)
    this.queryData.id = parseInt(e.id)
    this.getData()
}
```

此时 queryData 即为阅读电子书请求所需的参数。最后，在 methods 中定义 getData() 方法进行调用，示例代码如下。

```vue
methods: {
    async getData() {
        const res = await readBook(this.queryData)
        console.log(res)
        // 电子书目录
        this.menus = res.menus
        // 电子书内容
        this.content = res.content
        uni.setNavigationBarTitle({
            title: res.title
```

```
    })
  }
}
```

通过上述代码，可以实现阅读电子书的数据交互功能。用户可以通过单击目录选择不同章节进行阅读，同时可以享受电子书内容的展示和交互体验，为阅读者提供更加便捷和丰富的阅读体验。

11.4　实现阅读电子书页面数据渲染

在上一节中，我们成功地从服务器获取了电子书的内容，本节将实现将服务器返回的数据渲染到视图层中。服务器返回的数据已经保存在 data 的 content 属性中，以下是视图层的渲染代码示例。

```vue
  <view class="content">
   <mp-html :content="content">
       加载中...
   </mp-html>
  </view>
```

接下来，将实现切换章节功能。在之前讲解考试模块时，我们封装过一个 test-menu.vue 组件，用于上一题和下一题的切换。而在切换章节中，同样可以使用 test-menu.vue 组件，在 read-book 页面中引用该组件的示例代码如下。

```vue
  <test-menu :current='current' :total='total' @onCurrent='onCurrent'></test-menu>
```

在上述代码中，current 表示当前章节，total 表示总章节，而 onCurrent 用于实时监听 current 值的变化。当然，可能需要对 test-menu 组件进行一些调整，例如隐藏"交卷"按钮，并为"目录"按钮绑定单击事件，示例代码如下。

```vue
<view class="item1" @click="$emit('open')">
 <image src="../../static/menu.png" mode="widthFix"></image>
 <text>{{current}}/{{total}}</text>
</view>
<view class="item1" @click="submit" v-if="showsubmit">
 <image src="../../static/sub.png" mode="widthFix"></image>
 <text>交卷</text>
</view>
```

在上述代码中，为目录按钮使用$emit()方法绑定 open 事件，同时使用 showsubmit 属性判断是否需要显示"交卷"按钮。因此，在引用组件时需要设置这两个属性，示例代码如下。

```vue
<test-menu :current='current' :total='total' @onCurrent='onCurrent'
:showsubmit='false' @open='open'></test-menu>
```

通过以上设置，就可以实现切换章节功能的组件渲染。接下来，让我们查看一下完整的 getData() 方法以及切换章节方法，示例代码如下。

```vue
async getData() {
 const res = await readBook(this.queryData);
 console.log(res);
 // 电子书目录
 this.menus = res.menus;
 this.total = res.menus.length;
 // 电子书内容
 this.content = res.content;
 uni.setNavigationBarTitle({
     title: res.title
 });
 // 判断页码
 let index = this.menus.findIndex(item => item.id == this.queryData.id);
 this.current = index + 1;
},
// 切换章节
onCurrent(current) {
 this.current = current;
}
```

【代码解析】

在 getData() 方法中，首先异步获取电子书的内容，并将目录和内容分别保存在 menus 和 content 中。然后根据所选章节判断当前页面的页码，并更新 current 值。而在 onCurrent 方法中，实现了切换章节的功能，即根据用户选择的章节来更新 current 值。

通过上述内容，实现了电子书页面数据的渲染以及切换章节的功能。在 uni-app 中，结合服务器返回的数据以及相应的组件，可以轻松地为用户提供流畅、易用的阅读体验。

11.5　电子书目录渲染及章节切换

本节将重点展示如何实现电子书的目录渲染及章节切换功能。

首先，将 data 中 menus 数组中的目录渲染至视图层，然后实现章节之间的页面跳转。

1. 目录渲染

首先，实现电子书的目录渲染功能。在页面底部已经添加了"菜单"按钮，单击该按钮将弹出电子书的目录模块。为了达到良好的视觉效果，选择引用 uni-app 提供的 uni-drawer 组件，利用该组件可以轻松实现从左侧弹出的对话框效果。

在视图层的代码中，将使用 uni-drawer 组件，并在其中使用 scroll-view 组件实现滚动效果，示例代码如下。

```vue
<uni-drawer ref="showleft" mode="left" :mask-click="true">
```

```
    <scroll-view class="s1" scroll-y="true">
        <view v-for="(item, i) in menus" :key="i" class="t_t" :class="{active: item.id == queryData.id}" @click="tabBook(i)">
            <text style="padding-right: 10px;">{{ i + 1 }}</text>{{ item.title }}
        </view>
    </scroll-view>
</uni-drawer>
```

【代码解析】

上述代码实现一个侧边抽屉导航栏。

（1）<uni-drawer ref="showleft" mode="left" :mask-click="true">：这是一个自定义组件 uni-drawer 的使用，设置了 ref 属性为 showleft，mode 属性表示抽屉栏在左侧，:mask-click="true"表示单击遮罩层抽屉栏会关闭。

（2）<scroll-view class="s1" scroll-y="true">：这是一个滚动视图的元素，并设置了垂直滚动。

（3）<view v-for="(item, i) in menus" :key="i" class="t_t" :class="{active: item.id == queryData.id}" @click="tabBook(i)">：这段代码使用了 Vue 的 v-for 指令来循环遍历 menus 数组中的每一项。:key="i"是为了给每个循环项设置唯一的标识。:class="{active: item.id == queryData.id}"是根据条件动态添加 active 类名。@click="tabBook(i)"表示单击这个元素会触发 tabBook 方法，传入当前项的索引 i。

（4）<text>{{ i + 1 }}</text>{{ item.title }}：这里使用了<text>标签来显示内容，在其中使用了插值表达式{{ i + 1 }}来显示当前项的索引加 1，然后展示 item.title，即当前项的标题内容。

综上所述，这段代码实现了一个带有滚动效果的侧边抽屉导航栏，通过循环遍历 menus 数组来动态生成导航项，单击每个导航项会触发相应的方法。

同时，在数据层需要监听目录图标的单击事件，实现打开和关闭目录模块的功能，示例代码如下：

```vue
// 监听目录图标点击事件
open() {
    // 打开抽屉
    this.openBook();
},
// 打开抽屉
openBook() {
    this.$refs.showleft.open();
},
// 关闭抽屉
closeD() {
    this.$refs.showleft.close();
}
```

2. 章节切换功能

接下来，实现单击目录进行章节切换的功能。在视图层中，通过 tabBook()方法实现章节切换，并在数据层监听该事件。当用户单击目录时，将实现页面的章节切换。tabBook()方法示例代码如下。

```vue
tabBook(index) {
    console.log(index);
    this.current = index + 1;
    this.getContent();
    this.closeD();
},
// 获取内容
getContent() {
    // 找到当前对象
    let item = this.menus[this.current - 1];
    if (item) {
        // 获取最新章节 ID
        this.queryData.id = item.id;
        this.content = '';
        this.getData();
    }
}
```

上述代码的主要功能是根据用户选择的目录，获取对应的内容数据并显示出来。通过 tabBook 方法更新选中的页码，然后调用 getContent 方法请求对应的内容数据。

通过以上代码实现，用户在电子书页面单击目录，即可实现简洁美观的目录渲染和章节跳转功能。

第 12 章 搜索模块

在本章中，我们将详细探讨如何在 uni-app 项目中构建一个功能完备的"搜索"页面。首先，讲解"搜索"页面的样式布局。接着，实现保存和清除搜索记录的功能，让用户能够灵活管理搜索历史。当用户输入新的搜索关键词时，设计逻辑保存这些记录，并提供易于操作的清除功能，确保界面整洁且用户使用顺畅。

此外，我们还将针对搜索记录的本地存储进行深度讲解。你将学会如何将用户的搜索记录永久保存在设备上，以便在应用重新启动或意外关闭后依然可以恢复这些重要数据，从而提升应用的智能化和用户友好性。

最后，我们将重心转到搜索结果页面的开发。通过详细的代码实例和实战演练，高效地渲染搜索结果并及时响应用户的搜索请求。通过这些步骤，项目最终将拥有一个完整且高效的搜索模块。

12.1 "搜索"页面样式布局

在项目开发中，站内搜索是一个常见的功能，"搜索"页面布局设计对用户体验起着至关重要的作用。本节将详细介绍如何实现"搜索"页面样式布局，让 uni-app 应用更具吸引力和易用性。

首先，在 pages 目录下新建一个名为 search 的页面，并在首页中添加"搜索"按钮，单击该按钮可以跳转到新建的 search 页面。在 search 页面的布局设计中，将页面分为两部分：头部搜索框用于输入搜索内容，底部用于显示搜索历史记录，"搜索"页面效果图如图 12-1 所示。

图 12-1 "搜索"页面效果图

"搜索"页面视图层的静态代码如下。

```vue
<template>
  <view class="">
    <view class="search">
      <input type="text" placeholder="请输入搜索内容" />
```

```
            <text>搜索</text>
        </view>
        <view class="content his">
            <text>历史记录</text>
            <text>清除全部</text>
        </view>
        <view class="slist content">
            <text>Php</text>
            <text>Java</text>
            <text>JavaScript</text>
            <view v-for="item in 6" :key="item"></view>
        </view>
    </view>
</template>
```

在上述代码中，可以看到页面被分为三个部分，分别是搜索框、搜索历史记录和搜索内容展示区域。

接着，查看 CSS 样式代码，通过 CSS 样式的设置，可以使页面更加美观和易读。

```css
.search {
    display: flex;
    align-items: center;
    background-color: #409eff;
}
.search input {
    background-color: #dbdbdb;
    height: 60rpx;
    flex: 1;
    font-size: 26rpx;
    text-indent: 30rpx;
}
.search text {
    color: #fff;
    text-align: center;
    width: 140rpx;
    font-size: 26rpx;
}

.his {
    display: flex;
    justify-content: space-between;
    font-size: 26rpx;
    color: #999;
    padding-top: 30rpx;
    padding-bottom: 30rpx;
}
.his text:nth-child(1) {
    font-weight: bold;
    color: #333;
}
.slist {
    display: flex;
```

```
    justify-content: space-between;
    flex-wrap: wrap;
}
.slist text {
    background-color: #dbdbdb;
    padding-left: 20rpx;
    padding-right: 20rpx;
    margin-bottom: 30rpx;
    border-radius: 3rpx;
    padding-bottom: 5rpx;
    padding-top: 5rpx;
}
```

通过上述 CSS 样式代码，为"搜索"页面的各个部分设置了合适的样式，使页面看起来更加清晰、美观。

实现"搜索"页面样式布局并不难，只需按照上述代码示例逐步操作，便可轻松完成。"搜索"页面的布局设计对于用户体验至关重要，一个简洁明了的布局设计可以提升用户的使用体验。

搜索功能作为用户体验的重要一环，不仅要考虑布局设计的合理性，还要时刻关注搜索功能的交互体验。通过良好的"搜索"页面布局设计，可以提升用户对产品的使用频率，进而提高用户满意度和留存率。

综上所述，"搜索"页面样式布局在项目应用开发中占据着重要地位，通过合理的设计和优化，可以有效提升用户体验，从而推动产品的持续发展和增长。

12.2　实现保存及清除搜索记录功能

在项目开发中，搜索记录功能是用户体验中相当重要的一环。用户可以方便地查看之前搜索过的内容，省去了重复输入的麻烦。同时，提供清除搜索历史的选项也是一个良好的用户体验设计，用户可以自由地清理不需要的搜索记录，保持应用界面的整洁。本节将带领你逐步完成保存及清除搜索记录的功能。

1. 实现清除搜索记录

首先，在 Vue 的 data 中定义一个 list 数组，用于保存搜索记录。可以预先填充一些示例数据以展示搜索历史功能。

```vue
data() {
  return {
    list: ['PHP', 'Java']
  }
}
```

接下来，需要在视图层将 list 数组渲染出来。需要注意的是，只有当 list 数组中有内容时，才显示历史记录及"清除全部"按钮，示例代码如下。

```vue
<view v-if="list.length > 0">
  <view class="content his">
    <text>历史记录</text>
    <text @click="clear">清除全部</text>
  </view>
  <view class="slist content">
    <text v-for="(item, i) in list" :key="i">{{ item }}</text>
    <view v-for="item in 6" :key="item"></view>
  </view>
</view>
```

【代码解析】

上述代码先判断 list 中是否有历史记录，然后使用 v-for 循环遍历 list 数组显示搜索记录。

接下来，实现清除全部历史记录功能。为"清除全部"按钮绑定一个 clear 事件处理函数，示例代码如下。

```vue
methods: {
  // 清除全部历史记录
  clear() {
    uni.showModal({
      content: '是否清除历史记录？',
      success: (res) => {
        if (!res.confirm) {
          return
        }
        console.log('清除')
        this.list = []
      }
    });
  }
}
```

清除全部历史记录只需将 list 数组置空即可。这样，用户就可以方便地清除所有的搜索记录。

2. 实现保存搜索记录

接下来，将实现保存搜索记录的功能。首先在 data 中定义一个 search 属性，用于保存用户搜索的记录。然后对搜索框进行双向数据绑定，让用户输入的搜索内容能够及时显示在搜索框中，示例代码如下。

```vue
<view class="search">
  <input type="text" placeholder="请输入搜索内容" v-model="search" />
  <text @click="searchSubmit">搜索</text>
</view>
```

当用户单击"搜索"按钮时，触发 searchSubmit 事件。在事件处理函数中需要完成以下两件事。

（1）跳转到搜索结果页面。

（2）将搜索关键字添加到历史记录中。

本节先实现将搜索关键字添加到历史记录中。

在添加到历史记录之前，需要判断历史记录中是否已经包含当前搜索关键字。如果已经包含，则将其置顶；如果不包含，则将其追加到 list 数组。以下是实现代码。

```vue
methods: {
  // 单击"搜索"按钮
  searchSubmit() {
    // 查找历史记录中是否存在
    let index = this.list.findIndex(item => item === this.search)
    if (index !== -1) {
      // 之前已经存在历史记录，置顶到第一个
      this.arrTop(this.list, index)
      this.search = ''
    } else {
      this.list.unshift(this.search)
      this.search = ''
    }
  },
  // 置顶数组某一项方法
  arrTop(arr, index) {
    if (index !== 0) {
      arr.unshift(arr.splice(index, 1)[0])
    }
    return arr
  }
}
```

通过以上代码，实现了追加搜索记录及清除记录的功能。用户可以方便地管理搜索历史，提升应用的用户体验。

12.3　实现搜索记录本地存储

在上一节中，实现了清除搜索历史记录以及保存搜索历史记录功能，但存在一个问题，当刷新页面后搜索历史记录会恢复成默认数据。为了解决这个问题，本节的主要内容是实现搜索记录的持久化存储，即实现本地存储功能。

在进行本地存储的过程中，将主要实现以下三个步骤。

（1）单击"搜索"按钮将搜索记录追加到 list 数组之后，调用 uni.setStorageSync() 方法实现本地存储。

（2）页面加载时，从本地存储中获取数据并赋值 list 数组，以保持搜索记录的持久性。

（3）当用户单击"清除全部"按钮时，在清空 list 数组的同时也要清除本地存储中的数据。

接下来将逐步实现上述三个步骤，首先将 list 数组保存到本地存储中，示例代码如下。

```vue
```

```
methods: {
    //单击"搜索"按钮
    searchSubmit(){
        //隐藏代码…
        //本地存储
        uni.setStorageSync('keyword', JSON.stringify(this.list));
    },
}
```

在 searchSubmit 事件处理函数中,调用 uni.setStorageSync()方法将 list 数组保存到本地存储中。

接下来是第二步,即加载页面时获取本地存储中的数据并显示在应用中,示例代码如下。

```vue
onLoad() {
    let listHis = uni.getStorageSync('keyword');
    if(listHis){
        this.list = JSON.parse(listHis);
    }
}
```

在 onLoad 生命周期函数中,调用 uni.getStorageSync()方法获取本地存储中的数据,并将数据解析后赋值 this.list,确保搜索记录在页面加载时能够显示出来。

最后是第三步,实现"清除全部"按钮清除搜索记录的功能,示例代码如下。

```vue
//清除全部历史记录
clear(){
    uni.showModal({
        content: '是否清除历史记录?',
        success: (res) => {
            if (!res.confirm) {
                return;
            }
            console.log('清除');
            this.list = [];
            //清除本地缓存
            uni.removeStorageSync('keyword');
        }
    });
}
```

【代码解析】

在 clear 方法中,首先通过 uni.showModal()方法显示确认弹窗,确认用户是否要清除历史记录。如果确认清除,则将 list 数组清空并通过 uni.removeStorageSync()方法清除本地存储中的搜索记录数据。

通过以上步骤,已经实现搜索记录的本地存储功能,使得用户的搜索历史能够被持久保存,提升了用户体验和便利性。

12.4 "搜索结果"页面 tab 选项卡组件

在本小节中,我们将主要讨论如何实现选项卡组件的开发,并提供示例代码以帮助你更好地理解和应用,"搜索结果"页面的效果图如图 12-2 所示。

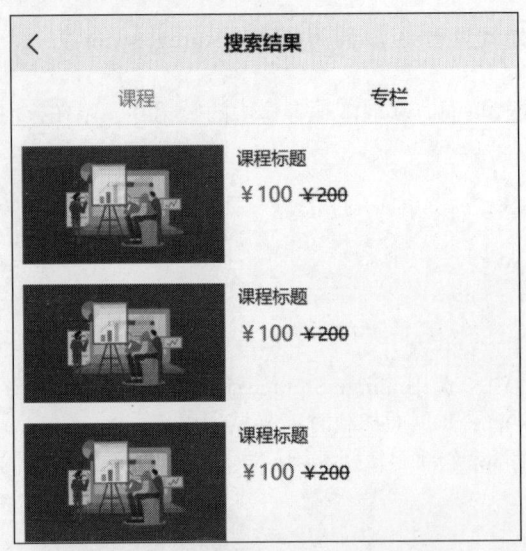

图 12-2 "搜索结果"页面效果图

首先,需要在 pages 目录下新建一个名为 search-res 的页面。在"搜索"页面中,将实现单击"搜索"按钮跳转到"搜索结果"页面,并能够传递用户搜索的关键字。以下是示例代码。

```vue
methods: {
    searchSubmit() {
        // 单击"搜索"按钮
        uni.navigateTo({
            url:`/pages/search-res/search-res?keyword=${this.search}`
        })
    }
}
```

通过以上代码,当用户单击"搜索"按钮时,触发 searchSubmit 事件并使用 uni.navigateTo() 进行页面跳转和传递参数。

除了单击"搜索"按钮跳转到搜索结果页面外,用户单击历史记录同样应该能够跳转到"搜索结果"页面。接下来,对 searchSubmit 事件进行进一步操作,示例代码如下。

```vue
searchSubmit(searchVal = '') {
```

```
    if(searchVal) {
        this.search = searchVal;
    }
    // 跳转到搜索页面
    uni.navigateTo({
        url: `/pages/search-res/search-res?keyword=${this.search}`
    })
}
```

通过以上代码，为历史记录绑定了 searchSubmit 事件，使用户单击历史记录同样可以跳转到"搜索结果"页面。

接下来，将在"搜索结果"页面布局选项卡，由于选项卡可能在多个页面中使用，因此将选项卡单独抽离成一个组件。在 components 目录下新建一个名为 tab 的选项卡组件，其示例代码如下。

```vue
<template>
 <view class="tab">
     <view class="tab-menu" v-for="(item, i) in tabs">
         <text @click="$emit('changMenu', i)" :class="{active: current === i}">{{item.name}}</text>
     </view>
 </view>
</template>
<script>
export default {
    name: "tab",
    props: {
        tabs: Array,
        current: {
            type: Number,
            default: 0
        }
    }
}
</script>
<style>
.tab-menu {
    position: relative;
    display: flex;
    flex-direction: column;
    align-items: center;
    justify-content: center;
    flex: 1;
    padding: 20rpx;
}

.tab {
    display: flex;
    border-bottom: 1px solid #dbdbdb;
}
.active {
    color: #409eff;
```

```
}
</style>
```

【代码解析】

上述代码实现了选项卡组件,当用户单击选项卡时,触发一个名为 changMenu 的事件,同时传递选项卡的索引值 i。选项卡的激活状态通过比较当前选中的索引 current 和循环遍历的索引 i 来动态添加/移除 active 类。组件接收两个 props:tabs 用于传递选项卡数据,current 用于指定当前激活的选项卡索引,默认为 0。

在代码中,v-for="(item, i) in tabs" 表示对 tabs 数组进行循环渲染,@click 监听文本单击事件,$emit('changMenu', i)触发 changMenu 事件并传递索引 i。:class="{active: current === i}" 根据条件判断是否添加 active 类。

<style>部分定义了选项卡和激活状态的样式,.tab-menu 设置了选项卡菜单的样式,.tab 设置了选项卡之间的分割线,.active 设置了激活状态下的文本颜色。

在父组件中,引用并为选项卡组件传值,示例代码如下。

```vue
<template>
 <view>
    <tab :tabs="tabs" :current="current" @changMenu="changMenuOk">
    </tab>
 </view>
</template>
<script>
export default {
    data() {
        return {
            tabs: [
                {
                    name: '课程',
                    loadStatus: 'more',
                    List: [],
                    page: 1,
                    type: 'course',
                },
                {
                    name: '专栏',
                    loadStatus: 'more',
                    List: [],
                    page: 1,
                    type: 'column',
                }
            ],
            current: 0,
        }
    },
    methods: {
        changMenuOk(val) {
            console.log(val)
            this.current = val
```

```
        },
    }
}
</script>
```

【代码解析】

在上述代码中，使用了一个<view>标签包裹<tab>组件，<tab>组件接收 tabs 和 current 作为属性，并监听 changMenu 事件。在组件的 data 中定义了 tabs 数组，包含两个选项卡的相关信息，以及 current 表示当前选中的选项卡索引。在 changMenuOk 方法中，当选项卡切换时，将选中的选项卡索引赋值 current，并输出到控制台。

通过上述示例代码，可以轻松实现选项卡组件切换功能，使用户可以方便地在"搜索结果"页面中进行内容的切换和浏览。

12.5 "搜索结果"页面 swiper 组件

本小节将围绕"搜索结果"页面中 swiper 组件的应用展开，展示如何利用 swiper 组件实现课程和专栏之间的切换效果。

首先，查看一下整体的实现思路。在"搜索结果"页面中，将设定两个选项卡菜单：一个是课程，另一个是专栏。通过使用 swiper 组件，可以实现用户在课程和专栏之间进行无缝切换。

在开始编写代码之前，需要注意一个重要的点，即 swiper 组件默认是有自己的高度的。因此，在使用 swiper 组件前，需要先设置 swiper 组件的高度。将整个页面的高度设置为 100%，并采用 flex 布局，示例代码如下。

```vue
<style>
/* page 是占满所有空间的 */
page {
    display: flex;
    flex-direction: column;
    height: 100%;
}
</style>
```

通过以上代码，已确保页面可以充满整个空间。接下来，将在视图层中使用 swiper 组件。需要注意的是，要在当前程序中将 swiper 组件嵌套在 scroll-view 组件中，这样才能实现预期的效果，示例代码如下。

```vue
<view style="flex: 1; display: flex; flex-direction: column;">
  <tab :tabs='tabs' :current='current' @changMenu='changMmenuOk'></tab>
  <swiper :duration="200" style="flex: 1; display: flex; flex-direction: column;">
      <swiper-item style="display: flex;">
          <scroll-view scroll-y="true" style="flex: 1;">
              <search-item v-for="item in 10"></search-item>
```

```
        </scroll-view>
    </swiper-item>
</swiper>
</view>
```

通过以上代码，实现了 swiper 组件和 scroll-view 组件占满整个屏幕的效果。接下来，在 components 目录下创建一个名为 search-item 的组件，用于展示搜索结果。search-item 组件的代码如下：

```vue
<template>
 <view class="content item">
     <image :src="item.cover" mode="aspectFill" class="uimg"></image>
     <text>{{item.title}}</text>
     <view class="price">
         <text>¥{{item.price}}</text>
         <text>¥{{item.t_price}}</text>
     </view>
 </view>
</template>

<script>
export default {
    name: "search-item",
    //接收参数
    props: {
        item: {
            type: Object
        }
    },
    data() {
        return {};
    }
}
</script>

<style>
.item{
    padding-top: 30rpx;
    font-size: 26rpx;
}
.uimg{
    width: 300rpx;
    height: 170rpx;
    float: left;
    margin-right: 20rpx;
}
.price{
    padding-top: 15rpx;
}
.price text:nth-child(1){
    color: red;
    font-size: 30rpx;
```

```
}
.price text:nth-child(2){
    padding-left: 10rpx;
    text-decoration: line-through;
}
</style>
```

【代码解析】
上述代码实现了商品展示的功能。该组件接收一个名为 item 的对象作为参数，包含商品的封面图片、标题、价格和原价信息。代码中的模板部分使用 Vue 的模板语法将商品信息展示出来，包括封面图片、标题、价格和原价。样式部分定义了展示商品信息的样式，如字体大小、颜色、间距等。

要使用该组件，只需在父组件中引入并传入一个包含商品信息的对象，即可在页面上展示该商品的信息。

通过以上代码，实现了搜索结果页面中 swiper 组件、scroll-view 组件以及 search-item 自定义组件的应用。

12.6 "搜索结果"页面数据交互

本节将重点介绍如何通过 uni-app 实现"搜索结果"页面的真实数据交互，使用户能够方便快捷地获取所需信息。

首先，查看"搜索结果"页面的 API 文档。通过调用 API，将服务器端返回的搜索结果渲染到页面上。以下是相关的 API 信息。

- 请求 URL 地址：mobile/search。
- 请求方式：GET。
- 请求 Query 参数如下。
    - keyword：关键词（String，必填）。
    - type：类型（String，必填，可选取值为 course 或 column）。
    - page：页码（Integer，必填）。

接下来，将在 api 目录下的 index.js 文件中根据接口文档定义发送请求的 API 方法，示例代码如下。

```javascript
//搜索请求
export const searchFn = (params) => {
  return api.get('mobile/search', params);
}
```

定义了请求方法后，需要在 search-res.vue 搜索结果页面中引用并调用 searchFn 方法来获取搜索数据。在 data 中组织请求参数，示例代码如下。

```vue
export default {
```

```javascript
data() {
  return {
    tabs: [
      {
        name: '课程',
        loadStatus: 'more',
        List: [],
        page: 1,
        type: 'course'
      },
      {
        name: '专栏',
        loadStatus: 'more',
        List: [],
        page: 1,
        type: 'column'
      }
    ],
    current: 0,
    keyword: ''
  }
}
```

在上述代码中，为每个选项卡单独设置了 loadStatus、page、type 属性，并使用 keyword 属性接收搜索关键字。接下来，在页面加载时获取搜索关键字，并赋值 keyword 属性，示例代码如下。

```javascript
onLoad(e) {
  console.log(e.keyword);
  this.keyword = e.keyword;
},
```

现在，可以在 methods 中定义获取数据的方法 getData()，示例代码如下。

```vue
getData() {
  let tab = this.tabs[this.current];
  tab.loadStatus = 'loading';
  searchFn({
    keyword: this.keyword,
    type: tab.type,
    page: tab.page,
    limit: 10
  }).then(res => {
    console.log(res);
    tab.List = tab.page === 1 ? res.rows : [...tab.List, ...res.rows];
    tab.loadStatus = res.rows.length < 10 ? 'noMore' : 'more';
  });
}
```

【代码解析】

通过以上代码，可以根据用户选择的选项卡类型来获取相应的数据，并更新页面显示。最后，在 onLoad() 生命周期函数中调用 getData() 方法，以触发数据获取操作。

通过以上步骤，实现了通过 uni-app 获取服务器端返回的搜索数据，总体而言，通过 uni-app 实现搜索结果页面的数据交互是一个十分重要且有趣的功能。开发者可以通过学习和掌握这一功能，为用户提供更加便捷、快速、智能的搜索体验。

12.7 搜索结果数据渲染及 swiper 交互

在 12.6 节中，我们已经获取服务器端返回的搜索结果，本节将深入探讨如何实现搜索结果数据的渲染以及通过 swiper 组件实现交互操作。

1. 数据渲染

对于服务器端返回的搜索结果数据，接下来的任务是将这些数据渲染显示在页面上。首先，将数据层 List 数组中的数据渲染到视图层中，以下是示例代码。

```vue
<swiper-item v-for="(item, i) in tabs" :key="i">
    <scroll-view scroll-y="true" style="flex: 1;">
        <search-item v-for="(sub, index) in item.List"
          :key="index" :item="sub"></search-item>
        <!-- 上拉加载更多组件 -->
        <uni-load-more :status="item.loadStatus"></uni-load-more>
    </scroll-view>
</swiper-item>
```

这段代码通过双层 for 循环将 List 数组中的数据传递给 search-item 组件，实现将数据渲染到页面上。每个 swiper-item 代表一个选项卡，scroll-view 内部展示该选项卡下的搜索结果数据，uni-load-more 用于展示加载更多组件。

2. swiper 交互

接下来，实现 swiper 组件的滑动操作，实现选项卡切换并实时更新数据。为 swiper 组件绑定 change 事件，示例代码如下。

```vue
<swiper @change="swChange"></swiper>
```

在数据层定义 swChange 事件处理函数，处理当前 swiper 组件的切换事件。

```vue
//swiper 组件的 change 事件
swChange(e) {
    console.log(e.detail.current);
    this.current = e.detail.current;
    //获取当前选中的 tab
```

```
    let tab = this.tabs[this.current];
    //防止重复加载
    if (tab.loadStatus === 'more' && tab.page === 1) {
        this.getData();
    }
}
```

在 swChange 事件中，通过更新 current 属性的值，并获取最新的数据信息，swiper 组件实现了与选项卡的联动效果。

最后，实现选项卡标题与 swiper 组件内容的实时更新。监听选项卡组件的 changMenu 事件，示例代码如下。

```vue
<tab :tabs="tabs" :current="current" @changMenu="changMenuOk"></tab>
```

在数据层定义 changMenuOk 事件处理函数，用于处理选项卡切换事件。

```vue
changMenuOk(val) {
    console.log(val);
    this.current = val;
    //触发 swChange
    this.swChange({
        detail: {
            current: val
        }
    });
}
```

这样，选项卡切换时，swiper 组件实时更新内容，实现了选项卡与内容之间的联动效果。注意，需要在 swiper 组件中设置 current 属性。

```vue
<swiper :current="current"></swiper>
```

通过以上代码，实现了搜索结果数据的渲染以及 swiper 组件的滑动效果与界面交互，整合了数据与交互优势，使用户能够更便捷地获取所需信息。

第 13 章 项目发布

在本章中，我们将探讨如何将 uni-app 项目从开发阶段顺利推向市场，并确保它在各种平台上无缝运行。发布一个成功的应用程序不仅需要精湛的开发技能，还需要细致的准备和全面的环境配置。本章将带你逐步完成这个过程。

通过本章的学习，你将掌握从准备发布到生成发行版的整个过程，为 uni-app 项目发布打下坚实的基础。无论你是初次发布应用，还是希望优化发布流程，本章都将为你提供实用的技巧。

13.1 准备发布项目

在准备发布一个 uni-app 项目之前，有几个关键步骤是必不可少的。这些步骤不仅能够确保项目在发布后运行顺利，还能提升用户体验和产品的长期可维护性。在本节中，我们将详细探讨在发布 uni-app 项目之前所需进行的准备工作，主要涵盖以下几个主要部分：检查代码是否符合项目规范、优化代码以提高性能、处理遗留问题和 Bug、确保正确的依赖管理以及更新文档和注释。

1. 检查代码是否符合项目规范

在任何项目发布之前，首先需要确保代码符合预定的项目规范。这不仅是为了遵守编程规范和提高可读性，更是为了维护代码的一致性和可维护性。在 uni-app 中，可以通过以下几种方式进行规范检查。

（1）代码风格检查。使用工具（如 ESLint 和 Prettier）自动检查和修正代码风格问题。确保所有文件遵循一致的代码风格，可以极大地提高代码的整洁度和可读性。

```javascript
/* .eslintrc.js 配置文件
module.exports = {
    extends: ['plugin:vue/essential', 'eslint:recommended'],
    rules: {
        'semi': ['error', 'always'],
        'quotes': ['error', 'single'],
    }
};
```

（2）命名规范。变量、函数和组件的命名需要遵循统一的命名规则，使得代码结构更加清晰。例如，变量名统一使用驼峰命名法，组件名使用大驼峰命名法（pascal case）等。

（3）代码结构。将代码分模块化管理是非常关键的。保持组件文件夹和功能模块文件夹结构清晰，便于后续维护和扩展。

2. 优化代码以提高性能

在确认代码规范后,下一步是优化代码以提高性能。随着现代应用程序的用户体验要求越来越高,性能优化显得尤为重要。以下是几个主要的优化方向。

(1)减少 HTTP 请求。使用 CDN 将静态资源缓存到用户的本地,减少应用启动时的 HTTP 请求数量。合并和压缩 CSS、JavaScript 文件也可有效减少 HTTP 请求。

(2)懒加载与异步加载。对于大型的组件和模块,采取懒加载和异步加载的方法,能够明显提升首次加载速度。

(3)使用缓存。利用 LocalStorage 和 SessionStorage 缓存一些不频繁更新的数据,避免重复请求服务器。从而提升应用的响应速度。

3. 处理遗留问题和 Bug

在项目即将发布之前,必须尽可能修复所有已知的遗留问题和 Bug。这不仅可以保证用户体验,还能减少在发布后可能遇到的紧急修复需求,可以通过以下几种方式进行处理。

(1)回归测试。进行全面的回归测试,确保新代码的加入不会影响现有功能的正常运行。可以使用单元测试、集成测试等方式,来保障各部分功能的正确性。

(2)日志与错误监控。在开发过程中,添加适当的日志记录和错误监控机制,可以更快地找到并修复潜在问题。

(3)用户反馈。借助测试版或内测版收集用户的反馈信息,让真实用户帮助发现一些隐藏较深的 Bug,及时进行修改。

4. 确保正确的依赖管理

依赖关系是每个前端项目中非常重要的一部分,尤其是在复杂的应用中。如果依赖管理不当,可能导致一系列问题,如版本冲突、安全漏洞等。为了确保项目中依赖的正确管理,需要进行以下操作。

(1)检查依赖版本。确保所有依赖包的版本都是最新稳定版,并且没有存在已知漏洞。

```bash
npm outdated
```

(2)清理未使用依赖。定期检查依赖文件(如 package.json)并移除未使用的依赖,减少项目体积和潜在的风险。

```bash
npm prune
```

(3)锁定依赖版本。使用 package-lock.json 文件锁定依赖版本,确保团队成员之间使用相同版本的依赖,避免由于版本不一致引发的问题。

5. 更新文档和注释

在代码开发过程中,可能为了赶进度而忽略了文档和注释的编写。但在发布之前,完整、详细的文档和注释是不可或缺的,它们能够促进团队协作、方便新成员上手以及提升项目的可维护性,可以通过以下几种方式进行文档注释。

（1）代码注释。对于复杂的逻辑、重要的功能模块进行详细注释，使得代码易于理解和维护。合理使用 JSDoc 等工具生成 API 文档。

（2）项目文档。编写或者更新项目的 README 文件，详细介绍项目的运行环境、安装步骤、使用方法以及注意事项等。确保持有最新的开发者指南和用户手册，方便新老成员快速上手。

（3）注释与示例代码。在项目相关文档中提供详细的示例代码，确保使用者能够快速了解项目的使用方式，并使文档更加实用和可读。

通过以上几个步骤，能成功发布 uni-app 项目，确保其在发布后能够稳定运行，并为用户提供最佳的使用体验和效果。

13.2　配置发布环境

在使用 uni-app 进行开发的过程中，能够将项目顺利发布到不同的平台和环境是至关重要的。本节将详细介绍如何选择目标平台，以及如何完成配置应用的基本信息、环境变量和云开发与后端服务，并概述不同平台的特定配置要求。

1．选择目标平台

选择目标平台是配置发布环境的首要任务。uni-app 的强大之处在于其跨平台能力，可以一次开发，多平台发布。uni-app 目前支持的发布平台有以下四种。

（1）移动应用平台：如 Android 和 iOS。

（2）Web 应用平台：如 PC 浏览器和移动浏览器。

（3）小程序平台：如微信小程序、支付宝小程序、百度小程序等。

（4）桌面应用平台：如 Windows 和 Mac。

了解每个平台的特殊要求和限制，可以帮助你更好地做出选择。首先，考虑目标用户群体主要使用哪种设备和操作系统。其次，关注每个平台的市场份额和竞争情况。通常，Android 和 iOS 是移动端的主流选择，而 Web 应用则具有最大覆盖面。

2．配置应用的基本信息

在配置应用的基本信息时，需要包含应用名称、应用图标、启动图等，以确保应用在不同平台上都有一致且美观的展示效果。

（1）应用名称：为你的应用选择一个简洁有力的名称。通常，应用名称不宜过长，建议保持在两到三个词以内，这样用户更容易记住。

（2）应用图标：应用图标是用户体验应用时首先看到的内容之一。图标应简单美观，并能在不同尺寸下都清晰呈现。通常，图标至少需要有多种分辨率版本（如 48×48、72×72、96×96 等），以适应不同设备和分辨率的需求。

（3）启动图：启动图是在应用启动时显示的第一张图片。制作启动图时，应注意遵循各个平台的建议尺寸和规格。例如，在移动端可能需要准备竖屏和横屏两种形式的启动图。

对于这些基本信息的配置，可以通过调整 manifest.json 文件来完成。这是 uni-app 项目中的核心配置文件，包含应用的名称、版本号、图标路径、启动图等内容，示例代码如下。

```
{
  "name": "My App",
  "appid": "__UNI__XXXXXXX",
  "versionName": "1.0.0",
  "versionCode": "100",
  "iconPath": "static/icon.png",
  "launchPath": "static/launch.png"
}
```

3. 配置环境变量

环境变量在应用开发和发布过程中起到非常重要的作用。通过配置环境变量，可以针对不同的环境（如开发环境、测试环境、生产环境）采取不同的配置。

在 uni-app 中，环境变量通常配置在 manifest.json 和项目的 .env 文件中。例如，可以在 .env 文件中指定 API 的不同地址，示例代码如下。

```
# .env.development
VUE_APP_API_URL=https://dev.api.myapp.com

# .env.production
VUE_APP_API_URL=https://api.myapp.com
```

在项目中，可以通过 process.env.VUE_APP_API_URL 访问这些环境变量，根据不同的环境进行不同的处理。

下面对不同平台的特定配置要求进行概述。不同平台有不同的特定配置要求，这里简要介绍一些主要平台的特定配置。

1）Android
- 签名文件：需要配置应用的签名文件，才能发布到商店。
- 权限申请：需要在 AndroidManifest.xml 中配置应用所需的权限。

2）iOS
- App ID 和证书：需要在 Apple Developer 账号中创建 App ID 和相关证书。
- 权限申请：需要在 Info.plist 中配置应用所需的权限。

3）Web
- PWA（progressive web app）：可以通过配置 manifest.json 和 Service Worker，使应用具有 PWA 的特性。
- 跨域配置：在开发和上线时，注意处理跨域问题。

4）小程序
- 配置 appid：需要在微信公众平台或其他小程序平台中获取 appid，并在项目中配置。
- 接口配置：小程序的网络请求需要在开发者工具或平台后台中配置合法的请求域名。

通过以上内容的全面介绍，我们已经初步掌握了如何为 uni-app 项目配置发布环境。不管是选择目标平台，还是配置基本信息、环境变量和后端服务，这些都是确保你的应用在不同平台上顺利发布和运行的关键步骤。

13.3 生成发行版

本节将详细介绍如何使用 HBuilderX 生成项目的发行版。你将了解如何配置打包参数，生成适用于各个平台的安装包，甚至能够解决在打包过程中遇到的常见错误。

1. 使用 HBuilderX 的打包功能

HBuilderX 作为一款强大的开发工具，提供了一整套丰富的打包功能，可以轻松地将开发完成的 uni-app 项目发布到实际的应用市场中。

首先，在 HBuilderX 中打开需要打包的 uni-app 项目，可以通过以下步骤来完成这一操作。

（1）在顶部菜单栏中，单击"发行"→"原生 APP-云打包"。

（2）单击该选项后，弹出一个"应用发布"对话框。在这里，你可以选择需要打包的平台（如 Android、iOS 等）。

在进行打包操作之前，需要配置一些打包参数，如应用的签名、代码混淆等。这些配置会影响到最终生成安装包的安全性和性能。

2. Android 签名配置

对于 Android 应用，签名是必不可少的一步，以下是配置 Android 签名的步骤。

（1）在"应用发布"对话框中选择"Android"平台。

（2）单击"下一步"进入签名配置页面。

（3）在签名配置页面中，单击"选择签名文件"，选择你提供的.keystore 文件。如果没有签名文件，可以单击"新建证书"来创建一个新的签名。

（4）输入相应的密钥库密码、密钥密码、别名等信息。

3. iOS 签名配置

对于 iOS 应用，签名同样是非常重要的，以下是配置 iOS 签名的步骤。

（1）在"应用发布"对话框中选择"iOS"平台。

（2）单击"下一步"进入签名配置页面。

（3）在签名配置页面中，选择"使用个人签名"或"企业签名"，依据需求进行选择。

（4）输入相应的签名证书、描述文件等信息。

4. 代码混淆配置

代码混淆是一种优化技术，能够通过混淆代码来提高应用的安全性，以下是配置代码混淆的步骤。

（1）在"应用发布"对话框中，单击"选项设置"。

（2）在弹出的"选项设置"对话框中，单击"代码混淆"选项。

（3）开启代码混淆并选择适当的混淆级别。

5. 生成用于各个平台的安装包

（1）生成 Android 安装包。完成以上配置后，可以开始生成 Android 安装包。

- 确认完所有的签名配置和代码混淆设置后，单击"开始打包"按钮。
- 系统自动开始打包过程，需要等待一段时间。
- 打包完成后，提示下载生成的 APK 文件。下载完成后，可以将其发布到应用市场，或直接安装到 Android 设备进行测试。

（2）生成 iOS 安装包。生成 iOS 安装包类似于生成 Android 安装包，以下是具体步骤。
- 确认完所有的签名配置和代码混淆设置后，单击"开始打包"按钮。
- 系统自动开始打包过程，需要等待一段时间。
- 打包完成后，提示下载生成的 IPA 文件。下载完成后，可以将其上传到 Apple App Store 中，或使用 iTunes 将其安装到 iOS 设备上进行测试。

（3）生成 Web 打包文件。

对于 Web 应用，生成过程会有所不同，以下是具体步骤。
- 在"应用发布"对话框中选择"Web"平台。
- 确认其他配置无误后，单击"开始打包"按钮。
- 系统自动开始打包过程，需要等待一段时间。
- 打包完成后，生成一个.zip 文件，解压后即可得到 Web 应用的所有文件。可以将这些文件部署到 Web 服务器上，让用户可以通过浏览器访问你的应用。

6. 打包过程中的常见错误及解决方法

在实际的打包过程中，可能遇到各种不同的错误。以下是几个常见的错误及其解决方法。

1）签名文件不存在或无效
- 错误原因：提供的签名文件路径不正确或签名文件损坏。
- 解决方法：检查签名文件路径是否正确，重新选择正确的签名文件；或者重新生成一个有效的签名文件。

2）密钥密码错误
- 错误原因：输入的密钥密码不正确。
- 解决方法：重新输入正确的密钥密码，确保密码无误。

3）生成安装包失败
- 错误原因：代码中存在错误或未处理的异常。
- 解决方法：检查代码中是否存在错误，确保所有依赖库都已正确引入。可以通过调试模式运行应用，查找并修复代码中的错误。

4）云打包服务连接失败
- 错误原因：网络连接不稳定或 HBuilderX 云服务器异常。
- 解决方法：检查本地网络连接，确保网络畅通。若仍不能解决，可以稍后重试或联系 HBuilderX 技术支持。

通过以上详细介绍，你现在应该能够顺利地使用 HBuilderX 生成 uni-app 项目的发行版了。掌握这些技能后，你能够将你的应用程序发布到各大平台。